中国海洋经济统计年鉴

CHINA MARINE ECONOMIC STATISTICAL YEARBOOK

2023

中华人民共和国自然资源部　编

Edited by

Ministry of Natural Resources of the People's Republic of China

海洋出版社

China Ocean Press

图书在版编目(CIP)数据

中国海洋经济统计年鉴. 2023/中华人民共和国自然资源部编. --北京 : 海洋出版社, 2024. 9 -- ISBN 978-7-5210-1302-3

Ⅰ. P74-54

中国国家版本馆 CIP 数据核字第 2024XB7171 号

中国海洋经济统计年鉴 2023
ZHONGGUO HAIYANG JINGJI TONGJI NIANJIAN 2023

责任编辑:王　溪
责任印制:安　淼
海洋出版社　**出版发行**
http://www.oceanpress.com.cn
北京市海淀区大慧寺路 8 号　邮编:100081
侨友印刷(河北)有限公司印刷　新华书店经销
2024 年 9 月第 1 版　2024 年 9 月第 1 次印刷
开本:787mm×1092mm　1/16　印张:16.5
字数:420 千字　定价:168.00 元
发行部:010-62100090　总编室:010-62100034

《中国海洋经济统计年鉴》编委会

刘建杰　　国家林业和草原局
秦绪文　　中国地质调查局
高明兴　　天津市规划和自然资源局
沈　瑾　　河北省自然资源厅（海洋局）
王文国　　辽宁省自然资源厅
金宏松　　上海市海洋局
李如海　　江苏省自然资源厅
阮　飙　　浙江省海洋经济发展厅
林月玲　　福建省海洋与渔业局
张建东　　山东省海洋局
屈家树　　广东省自然资源厅
谢瑾瑜　　广西壮族自治区海洋局
李东屿　　海南省海洋厅
史明强　　大连市海洋发展局
戚春良　　宁波市自然资源和规划局
曾东生　　厦门市海洋发展局
戚永战　　青岛市海洋发展局
成嶂旻　　深圳市海洋发展局

《中国海洋经济统计年鉴》编辑部

霍永伟　　河北省自然资源利用规划院
魏　南　　辽宁省自然资源厅
聂鸿鹏　　辽宁省海洋预警监测中心
钱晓峰　　上海市海洋局
张　呈　　上海市海洋管理事务中心
王均柏　　江苏省自然资源厅
顾云娟　　江苏省海洋经济监测评估中心
张　霞　　浙江省海洋经济发展厅
赖　瑛　　浙江省海洋科学院
刘元刚　　福建省海洋与渔业局
欧粪炜　　福建省海洋经济运行监测与评估中心
褚民生　　山东省海洋局
于　宁　　山东海洋经济监测评估中心
黄国锐　　广东省自然资源厅
姚　琴　　广东省海洋发展规划研究中心
纪东平　　广西壮族自治区海洋局
吴尔江　　广西壮族自治区海洋研究院
贺　讯　　海南省海洋厅
刘一霖　　海南省海洋与渔业科学院
邹　丽　　大连市海洋发展局
俞建强　　宁波市自然资源和规划局
钟向前　　厦门市海洋发展局
徐　璐　　青岛市海洋发展局
邱麟捷　　深圳市海洋发展局
孔祥勤　　深圳市海洋发展研究促进中心

执行编辑：
张潇娴

英文校订：
林宝法

Editorial Board of
China Marine Economic Statistical Yearbook

Liu Jianjie	National Forestry and Grassland Administration
Qin Xuwen	China Geological Survey
Gao Mingxing	Tianjin Municipal Bureau of Planning and Natural Resources
Shen Jin	Department of Natural Resources of Hebei Province (Oceanic Administration)
Wang Wenguo	Department of Natural Resources of Liaoning Province
Jin Hongsong	Shanghai Oceanic Administration
Li Ruhai	Jiangsu Provincial Department of Natural Resources
Ruan Biao	Zhejiang Provincial Department of Marine Economic Development
Lin Yueling	Fujian Provincial Department of Ocean and Fisheries
Zhang Jiandong	Oceanic Administration of Shandong Province
Qu Jiashu	Department of Natural Resources of Guangdong Province
Xie Jinyu	Guangxi Zhuang Autonomous Region Oceanic Administration Bureau
Li Dongyu	Department of Ocean of Hainan Province
Shi Mingqiang	Dalian Municipal Bureau of Ocean Development
Qi Chunliang	Ningbo Bureau of Natural Resources and Planning
Zeng Dongsheng	Xiamen Municipal Bureau of Ocean Development
Qi Yongzhan	Qingdao Municipal Marine Development Bureau
Cheng Zhangmin	Ocean Development Bureau of Shenzhen Municipality

编者说明

一、《中国海洋经济统计年鉴2023》系统收录了全国和沿海区域2022年开发、利用和保护海洋的各类产业活动，以及与之相关联的活动的统计数据和社会经济概况数据，是一部全面反映中国海洋经济发展有关情况的资料性年鉴，全书为中英文对照。

二、本年鉴所涉及的沿海区域包括沿海地区、沿海城市和沿海地带，按《沿海行政区域分类与代码》(HY/T 094—2022)的顺序排列。

三、本年鉴正文内容包括综合资料、海洋经济核算、主要海洋产业活动、主要海洋产业生产能力、海洋科学技术、海洋教育、海洋生态环境与防灾减灾、海洋行政管理及公益服务、全国及沿海社会经济和部分世界海洋经济统计资料10部分。与《中国海洋经济统计年鉴2022》相比，本年鉴主要做如下修订：基于新版国家标准《海洋及相关产业分类》(GB/T 20794—2021)，调整了“海洋科学技术”部分涉及的产业类别及名称、统计范围。

四、本年鉴资料主要根据《海洋经济统计调查制度》和《海洋生产总值核算制度》(国统制〔2023〕72号)，来源于各级自然资源（海洋）主管部门及同级统计部门和相关行业主管部门、国务院有关涉海部门、重点涉海企业。部分国际国内社会经济统计数据来源于公开资料，均在表下方注释说明。

五、本年鉴中除特殊说明外，所有价值量指标均为当年价。年鉴中每部分附有主要统计指标解释，对指标的含义、统计范围和统计方法做了简要说明。统计数据中的其他说明置于表的下方；有续表的资料，如有注释均置于第一张表的下方。

六、本年鉴中涉及的历史数据，均以本年鉴出版的最新数据为准；本年鉴中部分数据合计数或相对数由于单位取舍不同而产生的计算误差，均未做机械调整。

七、本年鉴表格中符号使用说明："空格"表示该项统计指标数据不详或无该项数据；"…"表示该项统计指标数据不足表中最小单位数；"#"表示其中的主要项；其他符号如"*"或"①"等表示本表有注释。

八、本年鉴中涉及的全国性统计数据，除国土面积及特别注明外，均未包括香港特别行政区、澳门特别行政区和台湾省数据。

九、《中国海洋经济统计年鉴 2023》在编撰过程中，得到了各有关单位的大力支持，在此表示衷心的感谢。本年鉴中如有疏漏和不妥之处，敬请读者批评指正。

《中国海洋经济统计年鉴》编辑部

Editor's Notes

I. The *China Marine Economic Statistical Yearbook (2023)*, which has systematically included the statistical data on the national and coastal area's various industrial activities of developing, utilizing and protecting the ocean and the activities related thereto, as well as the data on the general situation of society and economy in 2022 is a data almanac reflecting in an all-round way China's marine economic development, and it is a Chinese-English bilingual edition.

II. The coastal areas covered by the Yearbook are the coastal regions, coastal cities and coastal zones, which are arranged in order according to the *Coastal Administrative Areas Classification and Codes* (HY/T 094—2022).

III. The main body in the Yearbook consists of 10 sections, namely, integrated data, marine economic accounting, major marine industrial activities, production capacity of major marine industries, marine science and technology, marine education, marine ecological environment and disaster mitigation, marine administration and public-good service, national and coastal socioeconomy, and part of the world's marine economic statistics data. In comparison with *the China Marine Economic Statistics Yearbook (2022)*, this yearbook is mainly revised as follows: Based on the new version of national standard of the Classification of Marine and Marine-Related Industries (GB/T 20794—2021), the industry categories, names and statistical scope involved in the section of "Marine Science and Technology" have been adjusted.

IV. Mainly based on the *Marine Economic Statistics Survey System* and the *Gross Ocean Product Accounting System* (Guotongzhi〔2023〕No.72), the data of the Yearbook come from the departments in charge of natural resources (maritime administration) at various levels and the statistical bureaus at the same levels, as well as the relevant industry administrative departments, relevant maritime departments under the State Council, and key ocean-related enterprises. Part of the international and domestic socioeconomic statistic data are from the public data and illustrated in the notes below the tables.

V. Unless otherwise specified in the Yearbook, all the value indicators are given at the current price. Each section is attached by explanatory notes to the major marine statistical indicators, giving a brief explanation of the meaning, statistical range and statistical methods of the indicators. Other notes to the statistical data are listed below the tables. For the data with continued tables, annotations, if any, are put below the first table.

VI. All the historical data covered in the Yearbook are subject to the latest data published in the Yearbook; For part of the data in the Yearbook, the calculation errors on totals or relative figures due to the difference in the unit trade-offs have not been adjusted.

VII. The usage of symbols in the tables: "Blank" indicates that the data of the statistical index are unknown for the time being or that there are no such data available; "…" indicates that the data of the statistical index are not large enough to be measured even with the smallest unit in the table; "#" indicates the major items of the table; Other symbols, such as "*" or "①", indicate "that this table has annotations".

VIII. The national statistical data covered in the Yearbook does not include the data from Hong Kong Special Administrative Region, Macao Special Administrative Region and Taiwan Province, except for territory area and otherwise specified.

IX. In the course of editing the *China Marine Economic Statistical Yearbook (2023)*, we enjoyed energetic support from the various departments concerned and we hereby extend our heartfelt thanks to them. Criticisms and comments are welcome from readers on the oversights and inappropriateness, if any, in the Yearbook.

Editorial Department of the
China Marine Economic Statistical Yearbook

2022年海洋经济主要统计指标

Main Statistical Indicators of Marine Economy in 2022

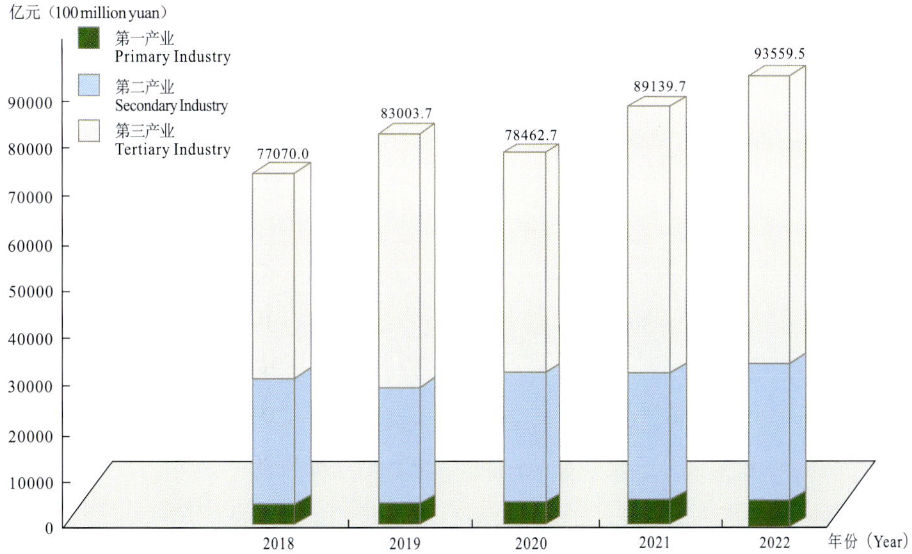

图 1　全国海洋生产总值及三次产业构成

National Gross Ocean Product (GOP) and Three Industries Composition

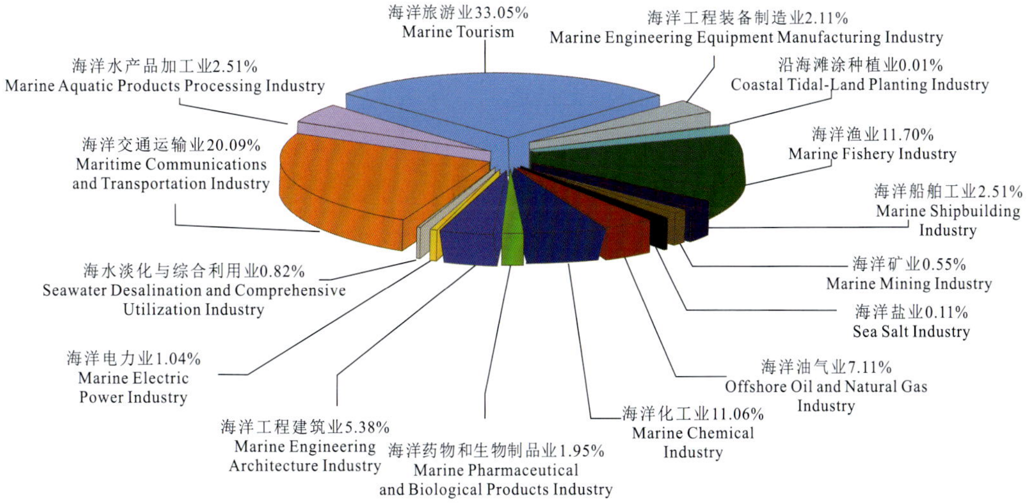

图 2　2022年全国海洋产业增加值构成

Composition of Added Values of National Marine Industries in 2022

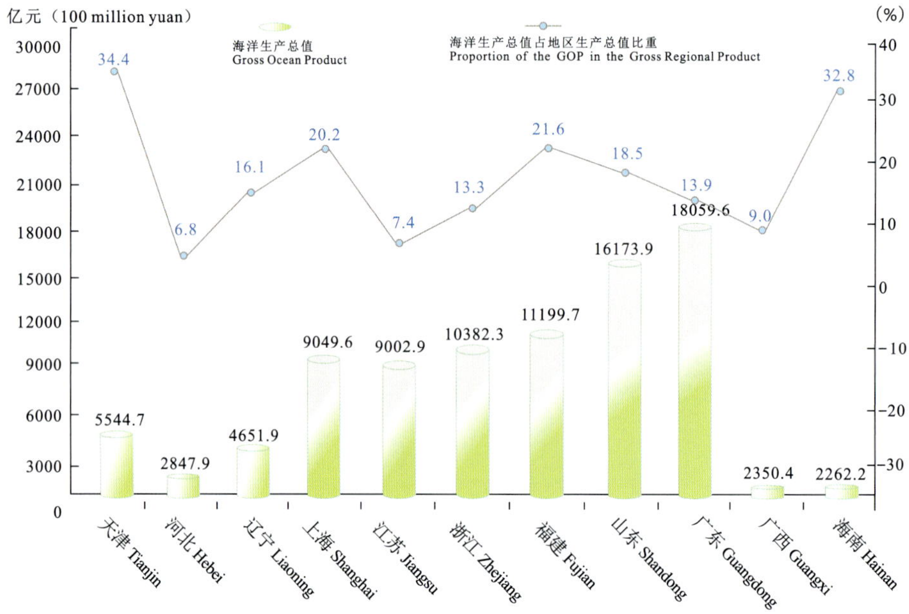

图 3 2022年沿海地区海洋生产总值

GOP by Coastal Regions in 2022

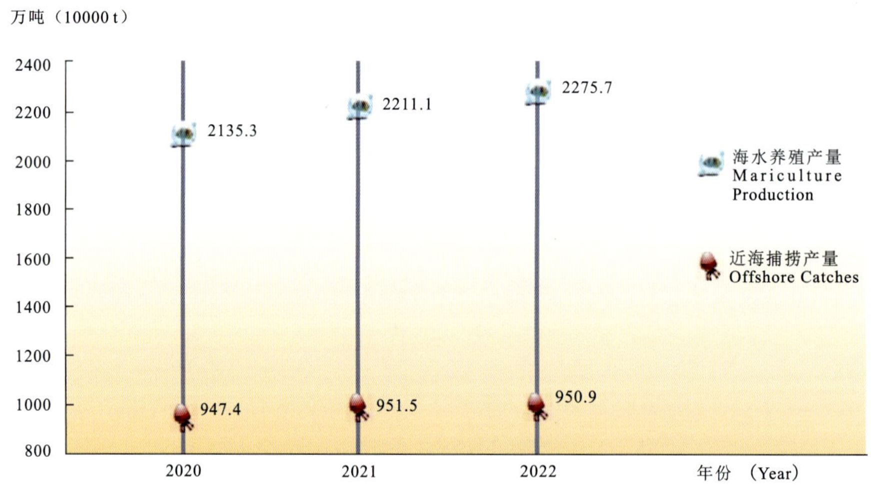

图 4 全国近海捕捞和海水养殖产量

National Offshore Catches and Mariculture Production

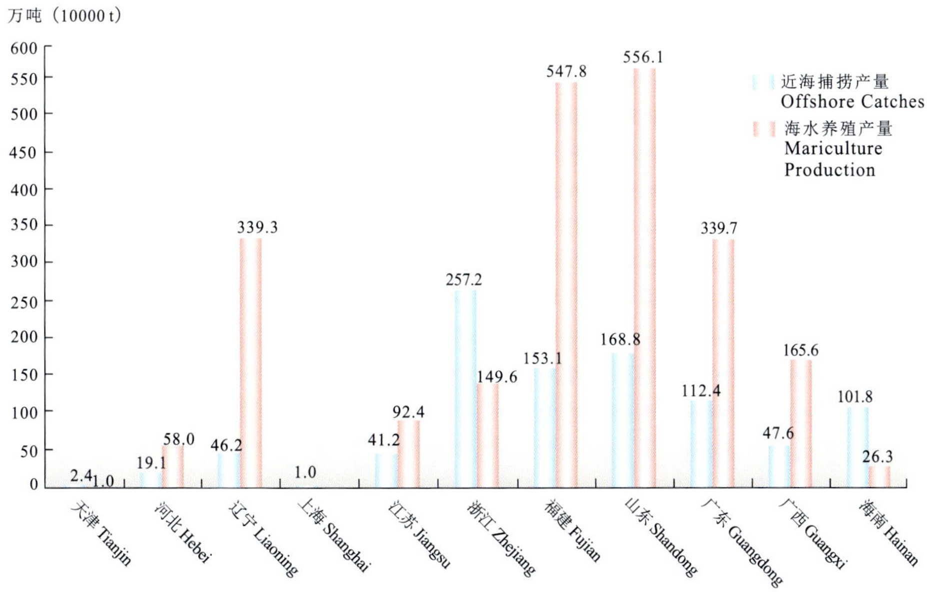

图 5　2022年沿海地区近海捕捞和海水养殖产量

Offshore Catches and Mariculture Production by Coastal Regions in 2022

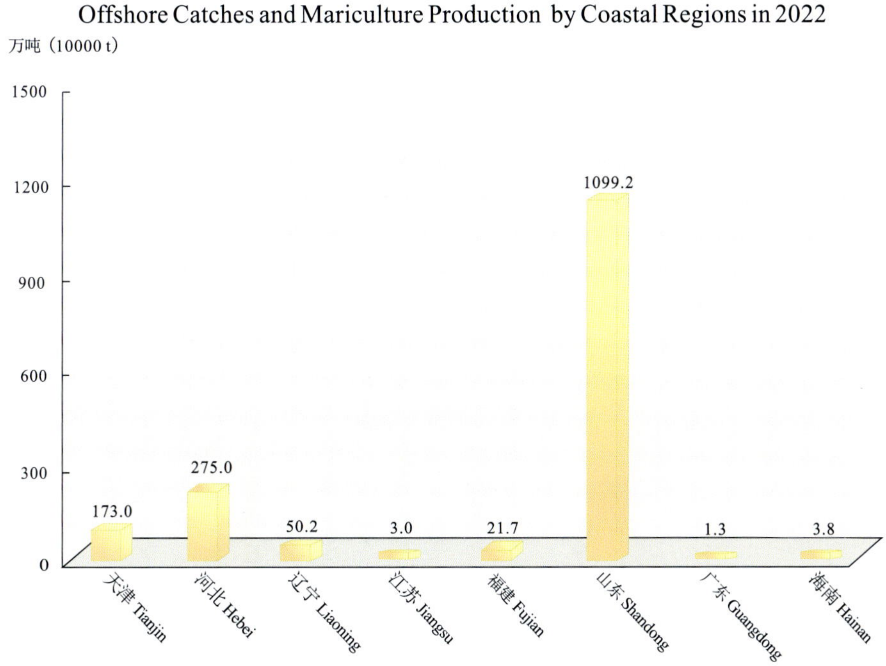

图 6　2022年沿海地区海盐产量

Sea Salt Production by Coastal Regions in 2022

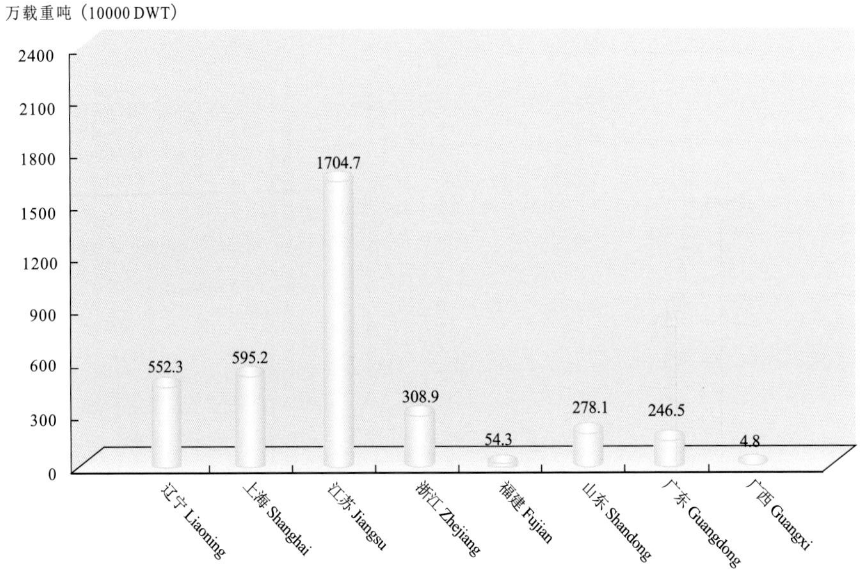

图 7　2022年沿海地区海洋造船完工量

Completed Quantity of Marine Shipbuilding by Coastal Regions in 2022

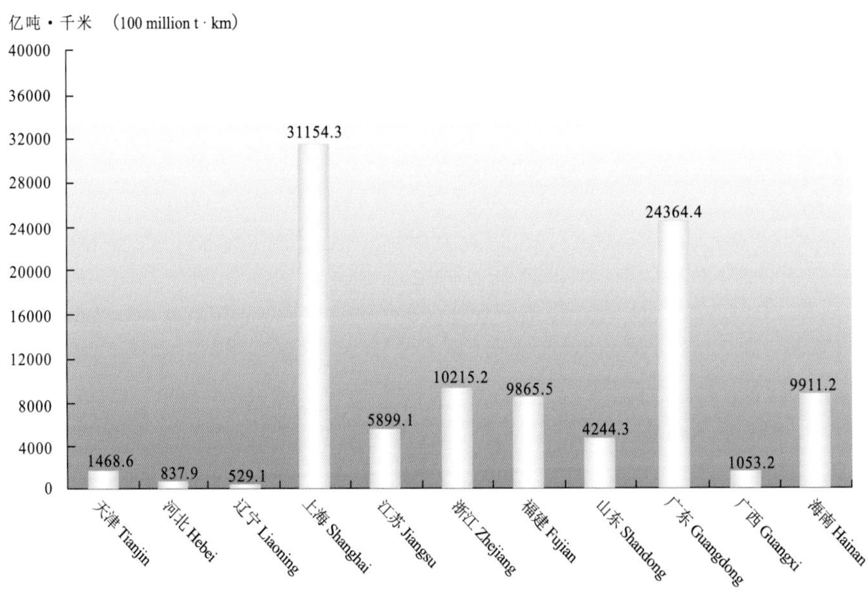

图 8　2022年沿海地区海洋货物周转量

Maritime Goods Turnover Volume by Coastal Regions in 2022

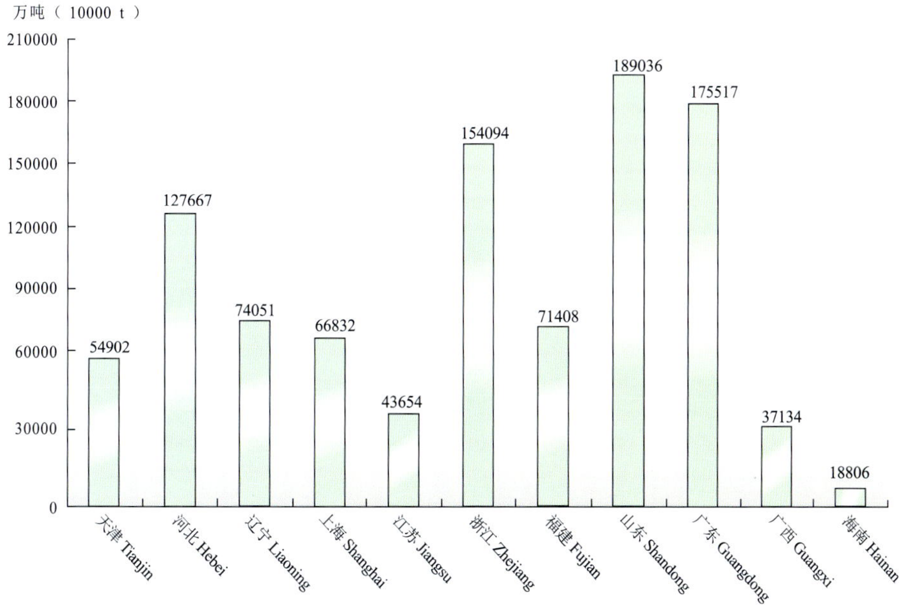

图 9 2022年沿海港口货物吞吐量

Freight Handled by Coastal Seaports in 2022

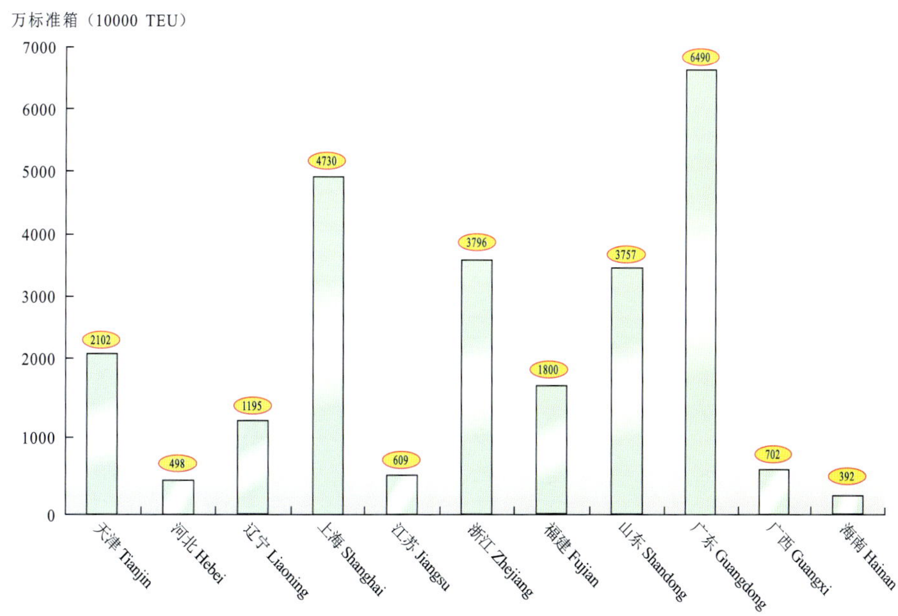

图 10 2022年沿海港口国际标准集装箱吞吐量

International Standardized Containers Handled by Coastal Seaports in 2022

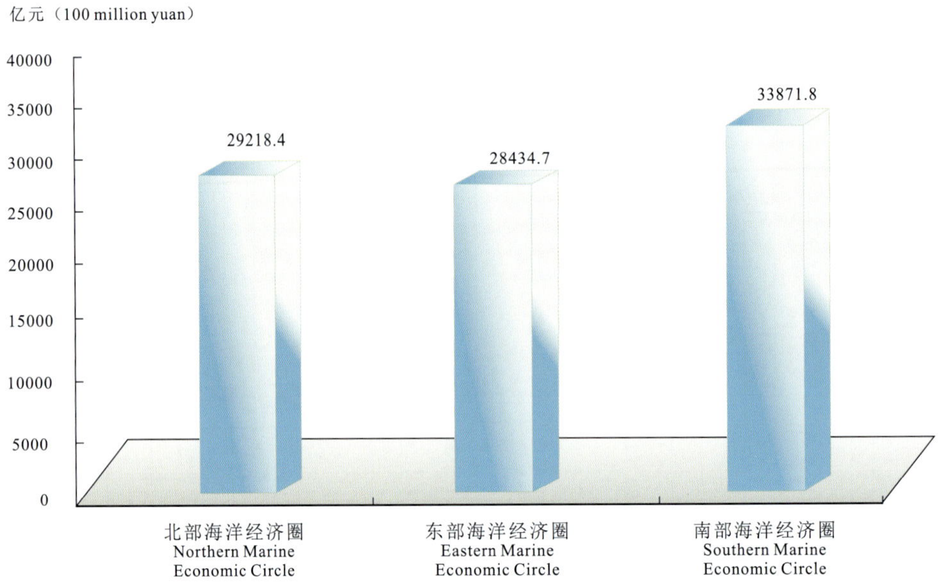

图 11　2022年北部、东部、南部海洋经济圈海洋生产总值

GOP of the Northern Marine Economic Circle,Eastern Marine Economic Circle and Southern Marine Economic Circle in 2022

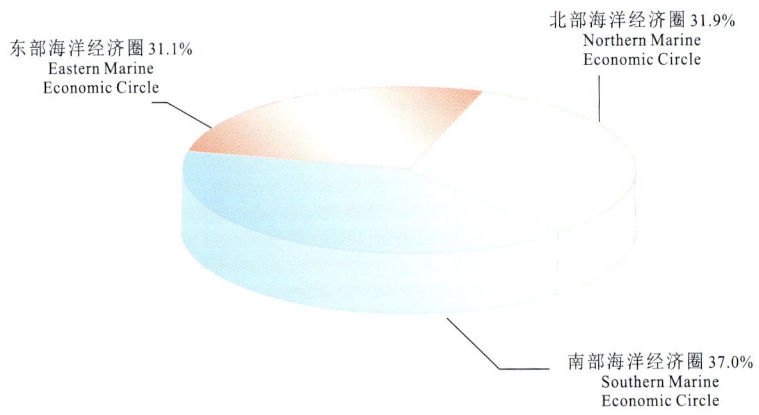

图 12　2022年北部、东部、南部海洋经济圈海洋生产总值占沿海地区海洋生产总值比重

Proportion of the GOP of the Northern Marine Economic Circle,Eastern Marine Economic Circle and Southern Marine Economic Circle in the GOP of Coastal Regions in 2022

目　次
CONTENTS

6 海洋教育

Marine Education

8 海洋行政管理及公益服务

Marine Administration and Public-Good Service

9 全国及沿海社会经济

National and Coastal Socioeconomy

10 世界海洋经济统计资料（部分）

World's Marine Economic Statistics Data (Part)

1

综 合 资 料

Integrated Data

1-1 沿海地区行政区划（2022年）
Administrative Division of Coastal Regions (2022)

单位：个 (unit)

沿海地区 Coastal Region	沿海城市 Coastal City	沿海地带 Coastal County (District)			
		合　计 Total	县 County	县级市 County-level City	区 District
合　计 Total	**53**	**216**	**49**	**46**	**121**
天　津 Tianjin	1	1	0	0	1
河　北 Hebei	3	11	4	1	6
辽　宁 Liaoning	6	21	3	6	12
上　海 Shanghai	1	5	0	0	5
江　苏 Jiangsu	3	15	6	3	6
浙　江 Zhejiang	5	28	8	9	11
福　建 Fujian	6	33	11	6	16
山　东 Shandong	7	34	3	10	21
广　东 Guangdong	14	42	8	6	28
广　西 Guangxi	3	8	1	1	6
海　南 Hainan	4	18	5	4	9

注：沿海地带中未包括广东省的东莞、中山和海南省的儋州。

Note: The coastal county does not include Dongguan and Zhongshan of Guangdong Province, and Danzhou of Hainan Province.

1-2 沿海行政区划一览表（2022年）
Table of Administrative Division of Coastal Regions (2022)

沿海地区 Coastal Region	地区代码 Zip Code	沿海城市 Coastal City	地区代码 Zip Code	沿海地带 Coastal County (District)	地区代码 Zip Code
天　津 Tianjin	120000			滨海新区 Binhai Xinqu	120116
河　北 Hebei	130000	唐山 Tangshan	130200	丰南区 Fengnan Qu	130207
				曹妃甸区 Caofeidian Qu	130209
				滦南县 Luannan Xian	130224
				乐亭县 Laoting Xian	130225
		秦皇岛 Qinhuangdao	130300	海港区 Haigang Qu	130302
				山海关区 Shanhaiguan Qu	130303
				北戴河区 Beidaihe Qu	130304
				抚宁区 Funing Qu	130306
				昌黎县 Changli Xian	130322
		沧州 Cangzhou	130900	海兴县 Haixing Xian	130924
				黄骅市 Huanghua Shi	130983
辽　宁 Liaoning	210000	大连 Dalian	210200	中山区 Zhongshan Qu	210202
				西岗区 Xigang Qu	210203
				沙河口区 Shahekou Qu	210204
				甘井子区 Ganjingzi Qu	210211
				旅顺口区 Lüshunkou Qu	210212
				金州区 Jinzhou Qu	210213
				普兰店区 Pulandian Qu	210214
				长海县 Changhai Xian	210224
				瓦房店市 Wafangdian Shi	210281
				庄河市 Zhuanghe Shi	210283
		丹东 Dandong	210600	东港市 Donggang Shi	210681
		锦州 Jinzhou	210700	凌海市 Linghai Shi	210781
		营口 Yingkou	210800	鲅鱼圈区 Bayuquan Qu	210804
				老边区 Laobian Qu	210811
				盖州市 Gaizhou Shi	210881
		盘锦 Panjin	211100	大洼区 Dawa Qu	211104
				盘山县 Panshan Xian	211122

1-2 续表1 continued

沿海地区 Coastal Region	地区代码 Zip Code	沿海城市 Coastal City	地区代码 Zip Code	沿海地带 Coastal County (District)	地区代码 Zip Code
		葫芦岛 Huludao	211400	连山区 Lianshan Qu	211402
				龙港区 Longgang Qu	211403
				绥中县 Suizhong Xian	211421
				兴城市 Xingcheng Shi	211481
上 海 Shanghai	310000			宝山区 Baoshan Qu	310113
				浦东新区 Pudong Xinqu	310115
				金山区 Jinshan Qu	310116
				奉贤区 Fengxian Qu	310120
				崇明区 Chongming Qu	310151
江 苏 Jiangsu	320000	南通 Nantong	320600	通州区 Tongzhou Qu	320612
				海门区 Haimen Qu	320614
				如东县 Rudong Xian	320623
				启东市 Qidong Shi	320681
				海安市 Hai'an Shi	320685
		连云港 Lianyungang	320700	连云区 Lianyun Qu	320703
				赣榆区 Ganyu Qu	320707
				灌云县 Guanyun Xian	320723
				灌南县 Guannan Xian	320724
		盐城 Yancheng	320900	亭湖区 Tinghu Qu	320902
				大丰区 Dafeng Qu	320904
				响水县 Xiangshui Xian	320921
				滨海县 Binhai Xian	320922
				射阳县 Sheyang Xian	320924
				东台市 Dongtai Shi	320981
浙 江 Zhejiang	330000	宁波 Ningbo	330200	北仑区 Beilun Qu	330206
				镇海区 Zhenhai Qu	330211
				鄞州区 Yinzhou Qu	330212
				奉化区 Fenghua Qu	330213
				象山县 Xiangshan Xian	330225
				宁海县 Ninghai Xian	330226
				余姚市 Yuyao Shi	330281
				慈溪市 Cixi Shi	330282

1-2 续表2 continued

沿海地区 Coastal Region	地区代码 Zip Code	沿海城市 Coastal City	地区代码 Zip Code	沿海地带 Coastal County (District)	地区代码 Zip Code
		温州 Wenzhou	330300	鹿城区 Lucheng Qu	330302
				龙湾区 Longwan Qu	330303
				洞头区 Dongtou Qu	330305
				平阳县 Pingyang Xian	330326
				苍南县 Cangnan Xian	330327
				瑞安市 Rui'an Shi	330381
				乐清市 Yueqing Shi	330382
				龙港市 Longgang Shi	330383
		嘉兴 Jiaxing	330400	海盐县 Haiyan Xian	330424
				平湖市 Pinghu Shi	330482
		舟山 Zhoushan	330900	定海区 Dinghai Qu	330902
				普陀区 Putuo Qu	330903
				岱山县 Daishan Xian	330921
				嵊泗县 Shengsi Xian	330922
		台州 Taizhou	331000	椒江区 Jiaojiang Qu	331002
				路桥区 Luqiao Qu	331004
				三门县 Sanmen Xian	331022
				温岭市 Wenling Shi	331081
				临海市 Linhai Shi	331082
				玉环市 Yuhuan Shi	331083
福 建 Fujian	350000	福州 Fuzhou	350100	马尾区 Mawei Qu	350105
				长乐区 Changle Qu	350112
				连江县 Lianjiang Xian	350122
				罗源县 Luoyuan Xian	350123
				平潭县 Pingtan Xian	350128
				福清市 Fuqing Shi	350181
		厦门 Xiamen	350200	思明区 Siming Qu	350203
				海沧区 Haicang Qu	350205

1-2 续表3 continued

沿海地区 Coastal Region	地区代码 Zip Code	沿海城市 Coastal City	地区代码 Zip Code	沿海地带 Coastal County (District)	地区代码 Zip Code
				湖里区 Huli Qu	350206
				集美区 Jimei Qu	350211
				同安区 Tong'an Qu	350212
				翔安区 Xiang'an Qu	350213
		莆田 Putian	350300	城厢区 Chengxiang Qu	350302
				涵江区 Hanjiang Qu	350303
				荔城区 Licheng Qu	350304
				秀屿区 Xiuyu Qu	350305
				仙游县 Xianyou Xian	350322
		泉州 Quanzhou	350500	丰泽区 Fengze Qu	350503
				泉港区 Quangang Qu	350505
				惠安县 Hui'an Xian	350521
				金门县 Jinmen Xian	350527
				石狮市 Shishi Shi	350581
				晋江市 Jinjiang Shi	350582
				南安市 Nan'an Shi	350583
		漳州 Zhangzhou	350600	龙海区 Longhai Qu	350604
				云霄县 Yunxiao Xian	350622
				漳浦县 Zhangpu Xian	350623
				诏安县 Zhao'an Xian	350624
				东山县 Dongshan Xian	350626
		宁德 Ningde	350900	蕉城区 Jiaocheng Qu	350902
				霞浦县 Xiapu Xian	350921
				福安市 Fu'an Shi	350981
				福鼎市 Fuding Shi	350982
山　东 Shandong	370000	青岛 Qingdao	370200	市南区 Shinan Qu	370202
				市北区 Shibei Qu	370203
				黄岛区 Huangdao Qu	370211
				崂山区 Laoshan Qu	370212
				李沧区 Licang Qu	370213
				城阳区 Chengyang Qu	370214
				即墨区 Jimo Qu	370215
				胶州市 Jiaozhou Shi	370281

1-2 续表4 continued

沿海地区 Coastal Region	地区代码 Zip Code	沿海城市 Coastal City	地区代码 Zip Code	沿海地带 Coastal County (District)	地区代码 Zip Code
		东营 Dongying	370500	东营区 Dongying Qu	370502
				河口区 Hekou Qu	370503
				垦利区 Kenli Qu	370505
				利津县 Lijin Xian	370522
				广饶县 Guangrao Xian	370523
		烟台 Yantai	370600	芝罘区 Zhifu Qu	370602
				福山区 Fushan Qu	370611
				牟平区 Muping Qu	370612
				莱山区 Laishan Qu	370613
				蓬莱区 Penglai Qu	370614
				龙口市 Longkou Shi	370681
				莱阳市 Laiyang Shi	370682
				莱州市 Laizhou Shi	370683
				招远市 Zhaoyuan Shi	370685
				海阳市 Haiyang Shi	370687
		潍坊 Weifang	370700	寒亭区 Hanting Qu	370703
				寿光市 Shouguang Shi	370783
				昌邑市 Changyi Shi	370786
		威海 Weihai	371000	环翠区 Huancui Qu	371002
				文登区 Wendeng Qu	371003
				荣成市 Rongcheng Shi	371082
				乳山市 Rushan Shi	371083
		日照 Rizhao	371100	东港区 Donggang Qu	371102
				岚山区 Lanshan Qu	371103
		滨州 Binzhou	371600	沾化区 Zhanhua Qu	371603
				无棣县 Wudi Xian	371623
广　东 Guangdong	440000	广州 Guangzhou	440100	黄埔区 Huangpu Qu	440112
				番禺区 Panyu Qu	440113
				南沙区 Nansha Qu	440115

1-2 续表5 continued

沿海地区 Coastal Region	地区代码 Zip Code	沿海城市 Coastal City	地区代码 Zip Code	沿海地带 Coastal County (District)	地区代码 Zip Code
		深圳 Shenzhen	440300	福田区 Futian Qu	440304
				南山区 Nanshan Qu	440305
				宝安区 Bao'an Qu	440306
				龙岗区 Longgang Qu	440307
				盐田区 Yantian Qu	440308
		珠海 Zhuhai	440400	香洲区 Xiangzhou Qu	440402
				斗门区 Doumen Qu	440403
				金湾区 Jinwan Qu	440404
		汕头 Shantou	440500	龙湖区 Longhu Qu	440507
				金平区 Jinping Qu	440511
				濠江区 Haojiang Qu	440512
				潮阳区 Chaoyang Qu	440513
				潮南区 Chaonan Qu	440514
				澄海区 Chenghai Qu	440515
				南澳县 Nan'ao Xian	440523
		江门 Jiangmen	440700	新会区 Xinhui Qu	440705
				台山市 Taishan Shi	440781
				恩平市 Enping Shi	440785
		湛江 Zhanjiang	440800	赤坎区 Chikan Qu	440802
				霞山区 Xiashan Qu	440803
				坡头区 Potou Qu	440804
				麻章区 Mazhang Qu	440811
				遂溪县 Suixi Xian	440823
				徐闻县 Xuwen Xian	440825
				廉江市 Lianjiang Shi	440881
				雷州市 Leizhou Shi	440882
				吴川市 Wuchuan Shi	440883
		茂名 Maoming	440900	电白区 Dianbai Qu	440904
		惠州 Huizhou	441300	惠阳区 Huiyang Qu	441303
				惠东县 Huidong Xian	441323
		汕尾 Shanwei	441500	城　区 Chengqu	441502
				海丰县 Haifeng Xian	441521
				陆丰市 Lufeng Shi	441581

1-2 续表6 continued

沿海地区 Coastal Region	地区代码 Zip Code	沿海城市 Coastal City	地区代码 Zip Code	沿海地带 Coastal County (District)	地区代码 Zip Code
		阳江 Yangjiang	441700	江城区 Jiangcheng Qu	441702
				阳东区 Yangdong Qu	441704
				阳西县 Yangxi Xian	441721
		东莞 Dongguan	441900		
		中山 Zhongshan	442000		
		潮州 Chaozhou	445100	饶平县 Raoping Xian	445122
		揭阳 Jieyang	445200	榕城区 Rongcheng Qu	445202
				惠来县 Huilai Xian	445224
广西 Guangxi	450000	北海 Beihai	450500	海城区 Haicheng Qu	450502
				银海区 Yinhai Qu	450503
				铁山港区 Tieshangang Qu	450512
				合浦县 Hepu Xian	450521
		防城港 Fangchenggang	450600	港口区 Gangkou Qu	450602
				防城区 Fangcheng Qu	450603
				东兴市 Dongxing Shi	450681
		钦州 Qinzhou	450700	钦南区 Qinnan Qu	450702
海南 Hainan	460000	海口 Haikou	460100	秀英区 Xiuying Qu	460105
				龙华区 Longhua Qu	460106
				美兰区 Meilan Qu	460108
		三亚 Sanya	460200	海棠区 Haitang Qu	460202
				吉阳区 Jiyang Qu	460203
				天涯区 Tianya Qu	460204
				崖州区 Yazhou Qu	460205
		三沙 Sansha	460300	西沙区 Xisha Qu	
				南沙区 Nansha Qu	
		儋州 Danzhou	460400		
		省直辖县 Counties Directly Under the Hainan Province Government	469000	琼海市 Qionghai Shi	469002
				文昌市 Wenchang Shi	469005
				万宁市 Wanning Shi	469006
				东方市 Dongfang Shi	469007
				澄迈县 Chengmai Xian	469023
				临高县 Lingao Xian	469024
				昌江黎族自治县 Changjiang Lizu Zizhixian	469026
				乐东黎族自治县 Ledong Lizu Zizhixian	469027
				陵水黎族自治县 Lingshui Lizu Zizhixian	469028

1-3 海洋资源情况
Marine Resources

指　标 Item	指标值 Data
海岸线总长度（万千米） Total Length of Coastline (10000 km)	约**3.2** **About 3.2**
大陆岸线长度 Length of Continental Coastline	约1.8 About 1.8
岛屿岸线长度 Length of Insular Coastline	约1.4 About 1.4
海岛数量（个） Number of Islands (unit)	**11000**余 **More than 11000**
有居民海岛数量 Number of Inhabited Islands	489

1-4 沿海地区湿地面积（2022年）
Area of Wetlands by Coastal Regions (2022)

单位：万公顷 (10000 hm^2)

地 区 Region	湿地总面积 Total Area of Wetlands	沿海滩涂 Coastal Tidal Flat	红树林地 Mangrove
全国总计 **National Total**	**2356.87**	**149.60**	**2.92**
天 津 Tianjin	3.27	1.70	0.00
河 北 Hebei	13.67	6.27	0.00
辽 宁 Liaoning	29.59	13.62	0.00
上 海 Shanghai	7.14	3.04	0.00
江 苏 Jiangsu	40.81	38.19	0.00
浙 江 Zhejiang	15.78	14.81	0.03
福 建 Fujian	18.67	17.33	0.13
山 东 Shandong	24.65	19.83	0.00
广 东 Guangdong	17.70	14.76	1.10
广 西 Guangxi	12.59	9.47	1.04
海 南 Hainan	12.16	10.59	0.62

注：数据来源于2022年度全国国土变更调查。
全国数据不包含香港特别行政区，澳门特别行政区，台湾省，以及福建省的金门、马祖等岛屿。

Note: The data come from the National Land Change Survey 2022.
The national data dose not include the data of Hong Kong Special Administrative Region, Macao Special Administrative Region, Taiwan Province, as well as islands such as Kinmen and Matsu in Fujian Province.

1-5 沿海地区水资源情况（2022年）
Water Resources by Coastal Regions (2022)

地　区 Region	水资源总量（亿立方米） Total Water Resources (100 million m^3)	地表水资源量 Surface Water Resources	地下水资源量 Groundwater Resources	地表水与地下水资源重复量 Overlapped Measurement Between Surface Water and Groundwater	人均水资源量（立方米/人） Per Capita Water Resources (m^3/person)
全国总计 National Total	**27088.1**	**25984.4**	**7924.4**	**6820.7**	**1918.2**
天　津 Tianjin	16.6	11.0	6.8	1.2	121.3
河　北 Hebei	188.0	88.5	152.8	53.3	252.9
辽　宁 Liaoning	561.7	513.8	154.3	106.4	1333.3
上　海 Shanghai	33.1	27.6	8.4	2.9	133.4
江　苏 Jiangsu	192.8	142.5	102.7	52.4	226.6
浙　江 Zhejiang	934.3	918.0	208.3	192.0	1424.6
福　建 Fujian	1174.7	1173.1	303.7	302.1	2805.3
山　东 Shandong	508.9	391.1	225.4	107.6	500.6
广　东 Guangdong	2223.6	2213.3	546.2	535.9	1754.9
广　西 Guangxi	2208.5	2207.6	436.9	436.0	4380.2
海　南 Hainan	363.8	356.1	100.3	92.6	3554.5

注：数据来源于《中国统计年鉴2023》。

Note: The data come from the *China Statistical Yearbook 2023*.

1-6 主要沿海城市气候基本情况（2022年）
Climate of Major Coastal Cities (2022)

城　市 City	年平均气温 （摄氏度） Annual Average Air Temperature (℃)	年平均相对湿度 （%） Annual Average Relative Humidity (%)	全年降水量 （毫米） Annual Precipitation (mm)	全年日照时数 （小时） Annual Sunshine Hours (h)
天　津 Tianjin	13.6	58	618.2	2721.1
大　连 Dalian	11.9	63	1007.1	2404.4
上　海 Shanghai	18.0	73	1044.1	2134.7
福　州 Fuzhou	21.2	73	1318.7	1621.3
青　岛 Qingdao	13.8	69	1332.0	2324.1
广　州 Guangzhou	22.0	79	1959.8	1774.6
海　口 Haikou	24.5	85	2020.9	1720.7

注：数据来源于《中国统计年鉴2023》。

Note: The data come from the *China Statistical Yearbook 2023.*

主要统计指标解释

1. 沿海地区　是指有海岸线（大陆岸线和岛屿岸线）的地区，按行政区划分为沿海省、自治区、直辖市。

2. 沿海城市　是指有海岸线的直辖市和地级市（包括其下属的全部区、县和县级市）。

3. 沿海地带　是指有海岸线的县、县级市、区（包括直辖市和地级市的区）。

4. 海洋　是海和洋的统称。洋为地球表面上相连接的广大咸水水体的主体部分。海为地球表面相连接的广大咸水水体被陆地、岛礁、半岛包围或分隔的边缘部分。

5. 水资源总量　指当地降水形成的地表和地下产水总量，即地表径流量与降水入渗补给量之和。

6. 地表水资源量　指河流、湖泊以及冰川等地表水体中可以逐年更新的动态水量，即天然河川径流量。

7. 地下水资源量　指地下饱和含水层逐年更新的动态水量，即降水和地表水入渗对地下水的补给量。

8. 地表水与地下水资源重复量　指地表水和地下水相互转化的部分，即天然河川径流量中的地下水排泄量和地下水补给量中来源于地表水的入渗补给量。

9. 湿地　指陆地和水域的交汇处，水位接近或处于地表面，或有浅层积水，且处于自然状态的土地。

10. 沿海滩涂　指沿海大潮高潮位与低潮位之间的潮浸地带，包括海岛的滩涂，不包括已利用的滩涂。

11. 红树林地　指沿海生长红树植物的土地，包括红树林苗圃。

12. 平均气温　指空气的温度，我国一般以摄氏度为单位表示。气象观测的温度表是放在离地面约1.5米处通风良好的百叶箱里测量的，因此，通常说的气温指的是离地面1.5米处百叶箱中的温度。计算方法：月平均气温是将全月各日的平均气温相加，除以该月的天数而得。年平均气温是将12个月的月平均气温累加后除以12而得。

13. 平均相对湿度　指空气中实际水气压与当时气温下的饱和水气压之比。其统计方法与气温相同。

14. 降水量　指从天空降落到地面的液态或固态(经融化后)水，未经蒸发、渗透、流失而在地面上积聚的深度。计算方法：月降水量是将全月各日的降水量累加而得。年降水量是将12个月的月降水量累加而得。

15. 日照时数　指太阳实际照射地面的时数，通常以小时为单位表示。其统计方法与降水量相同。

Explanatory Notes on Main Statistical Indicators

1. Coastal Region refers to the regions with coastlines (continental and island coastlines), which are divided into the coastal provinces, autonomous regions and municipalities directly under the Central Government according to the administrative zoning.

2. Coastal City refers to the municipalities directly under the Central Government and the prefecture-level cities (including all the districts, counties and county-level cities under them).

3. Coastal County (District) refers to the counties, county-level cities and districts with coastlines (including the districts under the municipalities directly under the Central Government and the prefecture-level districts).

4. Ocean is the general name for sea and ocean. Ocean refers to the main body of large salt water connected with the earth surface. Sea refers to the edge areas of the salt water on the earth surface that are compartmentalized or surrounded by land, island, reef or peninsula.

5. Total Water Resources refers to total volume of surface water and groundwater which is from the local precipitation and is measured as the summation of run-off for surface water and recharge of groundwater from local precipitation.

6. Surface Water Resources refers to total volume of year renewable water flow which exist in rivers, lakes, glaciers and other surface water, and that measured as the natural run-off of rivers.

7. Groundwater Resources refers to total volume of yearly renewable water flow which exist in saturation aquifers of groundwater, and are measured as recharge of groundwater from local precipitation and surface water.

8. Overlapped Measurement between Surface Water and Groundwater refers to the part of mutual transfer between surface water and groundwater, i.e. which is the run-off of rivers includes some depletion into groundwater while groundwater includes recharge from surface water.

9. Wetland refers to the land at the intersection of land and water, where the water level is close to or on the ground surface or there is shallow ponding, and which is in a natural state.

10. Coastal Tidal Flat refers to the tidal zone between the high tide level and low tide level of coastal spring tide, including the tidal flat of island, but not the used tidal flat.

11. Mangrove Land refers to the land where mangrove plants grow along the coast, including mangrove nurseries.

12. Average Air Temperature refers to the average air temperature on a regular basis. China uses centigrade as the unit. The thermometry used for weather observation is put in a breezy shutter, which is 1.5 meters high from the ground. Therefore, the commonly used air temperature refers to the temperature in the breezy shutter 1.5 meters away from the ground. The calculation method is as follows:

Monthly average air temperature is the summation of daily average air temperatures of one month divided by the actual days of that particular month.

Annual average air temperature is the summation of monthly average air temperatures of 12 months and then divided by 12.

13. Average Relative Humidity refers to the ratio of actual water vapour pressure to the saturation water vapour pressure under the current temperature. The calculation method is the same as that of temperature.

14. Volume of Precipitation refers to the deepness of liquid state or solid state (thawed) water falling from atmosphere reaching to the Earth's surface that has not been evaporated, percolate or run off. The calculation method is as follows:

Monthly precipitation is the summation of daily precipitation of a month.

Annual precipitation is the summation of 12 months precipitation of a year.

15. Sunshine Hours refer to the actual hours of sun irradiating the earth, usually expressed in hours. The calculation method is the same as that of the precipitation.

2

海洋经济核算

Marine Economic Accounting

2-1 全国海洋生产总值
National Gross Ocean Product

年 份 Year	海洋生产总值（亿元）Gross Ocean Product (100 million yuan)	第一产业 Primary Industry	第二产业 Secondary Industry	第三产业 Tertiary Industry	海洋生产总值占国内生产总值比重（%）Proportion of the Gross Ocean Product in GDP (%)	海洋生产总值增长速度①（%）Growth Rate of the Gross Ocean Product (%)
2018	77070.0	3624.3	24415.5	49030.3	8.4	-
2019	83003.7	3664.9	26023.2	53315.6	8.4	7.3
2020	78462.7	3783.0	25488.4	49191.3	7.7	-4.5
2021	89139.7	4101.2	30600.9	54437.6	7.8	7.2
2022	93559.5	4445.6	33982.8	55131.1	7.8	0.7

注：数据基于《海洋及相关产业分类》（GB/T 20794—2021）进行了修订(本部分其他表同）。
①增长速度按可比价格计算，以上年为基期(本部分其他表同）。

Note: The data are revised on the basis of the *Classification of Marine and Marine-Related Industries* (GB/T 20794－2021) (The same as in other tables).
①The data of growth rate are calculated at comparable price with the previous year as the base period (The same as in other tables).

2-2 全国海洋生产总值构成
Composition of National Gross Ocean Product

(%)

年 份 Year	海洋生产总值（亿元）Gross Ocean Product (100 million yuan)	第一产业 Primary Industry	第二产业 Secondary Industry	第三产业 Tertiary Industry
2018	100.0	4.7	31.7	63.6
2019	100.0	4.4	31.4	64.2
2020	100.0	4.8	32.5	62.7
2021	100.0	4.6	34.3	61.1
2022	100.0	4.8	36.3	58.9

2-3 海洋及相关产业增加值
Added Values of Marine and Marine-Related Industries

单位：亿元 (100 million yuan)

年 份 Year	合 计 Total	海洋产业 Marine Industry	海洋科研教育 Marine Scientific Research and Education	海洋公共管理服务 Marine Public Management and Service	海洋上游相关产业 Upstream Marine-Related Industry	海洋下游相关产业 Downstream Marine-Related Industry
2018	77070.0	33333.6	4209.4	12050.3	10291.6	17185.1
2019	83003.7	35744.5	4693.7	13245.2	10985.4	18334.8
2020	78462.7	31403.3	5169.6	14211.6	10430.3	17247.9
2021	89139.7	36566.8	5656.9	15247.0	12557.2	19111.8
2022	93559.5	37953.3	6113.0	15911.5	13378.4	20203.2

2-4 海洋及相关产业增加值构成
Composition of the Added Values of Marine and Marine-Related Industries

(%)

年 份 Year	合 计 Total	海洋产业 Marine Industry	海洋科研教育 Marine Scientific Research and Education	海洋公共管理服务 Marine Public Management and Service	海洋上游相关产业 Upstream Marine-Related Industry	海洋下游相关产业 Downstream Marine-Related Industry
2018	100.0	43.3	5.5	15.6	13.4	22.3
2019	100.0	43.1	5.7	16.0	13.2	22.1
2020	100.0	40.0	6.6	18.1	13.3	22.0
2021	100.0	41.0	6.3	17.1	14.1	21.4
2022	100.0	40.6	6.5	17.0	14.3	21.6

2-5 全国海洋产业增加值（2022年）
Added Values of National Marine Industries (2022)

主要海洋产业 Major Marine Industry	增加值 （亿元） Added Value (100 million yuan)	增长速度 （%） Growth Rate (%)
合　计 **Total**	**37953.3**	**-2.8**
海洋渔业 Marine Fishery Industry	4441.1	5.9
沿海滩涂种植业 Coastal Tidal-Land Planting Industry	4.4	1.2
海洋水产品加工业 Marine Aquatic Products Processing Industry	951.2	0.7
海洋油气业 Offshore Oil and Gas Industry	2696.8	7.2
海洋矿业 Marine Mining Industry	210.3	8.8
海洋盐业 Sea Salt Industry	42.7	-3.1
海洋船舶工业 Marine Shipbuilding Industry	951.4	4.9
海洋工程装备制造业 Marine Engineering Equipment Manufacturing Industry	800.5	8.0
海洋化工业 Marine Chemical Industry	4196.5	-1.6
海洋药物和生物制品业 Marine Pharmaceutical and Biological Products Industry	739.9	6.2
海洋工程建筑业 Marine Engineering Architecture Industry	2041.9	5.5
海洋电力业 Marine Electric Power Industry	394.7	20.9
海水淡化与综合利用业 Seawater Desalination and Comprehensive Utilization Industry	311.6	-1.7
海洋交通运输业 Marine Communications and Transportation Industry	7626.6	6.8
海洋旅游业 Marine Tourism	12543.7	-14.0

2-6 海洋渔业增加值
Added Value of Marine Fishery Industry

年　份 Year	增加值（亿元） Added Value (100 million yuan)	增长速度（%） Growth Rate (%)
2018	3622.2	-
2019	3662.7	2.2
2020	3780.7	5.4
2021	4096.9	3.9
2022	4441.1	5.9

2-7 沿海滩涂种植业增加值
Added Value of Coastal Tidal-Land Planting Industry

年　份 Year	增加值（亿元） Added Value (100 million yuan)	增长速度（%） Growth Rate (%)
2018	2.1	-
2019	2.1	1.6
2020	2.2	4.9
2021	4.4	-
2022	4.4	1.2

2-8 海洋水产品加工业增加值
Added Value of Marine Aquatic Products Processing Industry

年　份 Year	增加值（亿元） Added Value (100 million yuan)	增长速度（%） Growth Rate (%)
2018	938.8	-
2019	958.3	0.2
2020	923.4	-5.1
2021	910.2	0.6
2022	951.2	0.7

2-9 海洋油气业增加值
Added Value of Offshore Oil and Gas Industry

年　份 Year	增加值（亿元） Added Value (100 million yuan)	增长速度（%） Growth Rate (%)
2018	1476.5	-
2019	1532.9	3.0
2020	1157.2	7.2
2021	1609.8	6.4
2022	2696.8	7.2

2-10 海洋矿业增加值
Added Value of Marine Mining Industry

年　份 Year	增加值（亿元） Added Value (100 million yuan)	增长速度（%） Growth Rate (%)
2018	173.8	-
2019	181.9	-4.9
2020	185.9	-11.8
2021	186.0	2.8
2022	210.3	8.8

2-11 海洋盐业增加值
Added Value of Sea Salt Industry

年　份 Year	增加值（亿元） Added Value (100 million yuan)	增长速度（%） Growth Rate (%)
2018	36.2	-
2019	33.9	-5.5
2020	32.5	3.2
2021	40.1	-5.1
2022	42.7	-3.1

2-12 海洋船舶工业增加值
Added Value of Marine Shipbuilding Industry

年 份 Year	增加值（亿元） Added Value (100 million yuan)	增长速度（%） Growth Rate (%)
2018	727.7	-
2019	778.9	6.2
2020	823.8	5.0
2021	893.1	9.0
2022	951.4	4.9

2-13 海洋工程装备制造业增加值
Added Value of Marine Engineering Equipment Manufacturing Industry

年 份 Year	增加值（亿元） Added Value (100 million yuan)	增长速度（%） Growth Rate (%)
2018	494.0	-
2019	534.7	7.4
2020	573.0	6.4
2021	733.7	28.1
2022	800.5	8.0

2-14 海洋化工业增加值
Added Value of Marine Chemical Industry

年　份 Year	增加值（亿元） Added Value (100 million yuan)	增长速度（%） Growth Rate (%)
2018	2726.1	-
2019	2887.5	10.0
2020	2884.7	11.5
2021	3679.3	3.2
2022	4196.5	-1.6

2-15 海洋药物和生物制品业增加值
Added Value of Marine Pharmaceutical and Biological Products Industry

年　份 Year	增加值（亿元） Added Value (100 million yuan)	增长速度（%） Growth Rate (%)
2018	519.0	-
2019	569.6	7.9
2020	577.0	0.7
2021	694.8	20.9
2022	739.9	6.2

2-16 海洋工程建筑业增加值
Added Value of Marine Engineering Construction Industry

年　份 Year	增加值（亿元） Added Value (100 million yuan)	增长速度（%） Growth Rate (%)
2018	1668.7	-
2019	1696.3	-1.1
2020	1698.1	0.9
2021	1920.3	5.0
2022	2041.9	5.5

2-17 海洋电力业增加值
Added Value of Marine Electric Power Industry

年　份 Year	增加值（亿元） Added Value (100 million yuan)	增长速度（%） Growth Rate (%)
2018	196.2	-
2019	218.7	12.4
2020	236.9	10.4
2021	327.2	37.9
2022	394.7	20.9

2-18 海水淡化与综合利用业增加值
Added Value of Seawater Desalination and Comprehensive Utilization Industry

年 份 Year	增加值（亿元） Added Value (100 million yuan)	增长速度（%） Growth Rate (%)
2018	242.9	-
2019	268.6	8.3
2020	293.6	9.2
2021	313.1	5.5
2022	311.6	-1.7

2-19 海洋交通运输业增加值
Added Value of Marine Communications and Transport Industry

年 份 Year	增加值（亿元） Added Value (100 million yuan)	增长速度（%） Growth Rate (%)
2018	5082.4	-
2019	5172.0	3.8
2020	5449.0	5.6
2021	7023.0	11.0
2022	7626.6	6.8

2-20 海洋旅游业增加值
Added Value of Marine Tourism

年 份 Year	增加值（亿元） Added Value (100 million yuan)	增长速度（%） Growth Rate (%)
2018	15426.8	-
2019	17246.4	9.8
2020	12785.4	-26.7
2021	14135.1	9.0
2022	12543.7	-14.0

2-21 分地区海洋生产总值（2022年）
Gross Ocean Product by Regions (2022)

地　区 Region	海洋生产总值（亿元） Gross Ocean Product (100 million yuan)	第一产业 Primary Industry	第二产业 Secondary Industry	第三产业 Tertiary Industry	海洋生产总值占地区生产总值比重（%） Proportion of the Gross Ocean Product in the Gross Regional Product（%）
合　计 **Total**	**93559.5**	**4445.6**	**33982.8**	**55131.1**	**7.8**
天　津 Tianjin	5544.7	5.5	2905.0	2634.2	34.4
河　北 Hebei	2847.9	178.3	1119.7	1549.9	6.8
辽　宁 Liaoning	4651.9	393.8	1778.3	2479.8	16.1
上　海 Shanghai	9049.6	8.2	2457.4	6584.0	20.2
江　苏 Jiangsu	9002.9	294.6	3687.9	5020.4	7.4
浙　江 Zhejiang	10382.3	536.3	4078.5	5767.5	13.3
福　建 Fujian	11199.7	878.0	4165.9	6155.8	21.6
山　东 Shandong	16173.9	945.7	7022.3	8205.9	18.5
广　东 Guangdong	18059.6	606.7	5735.7	11717.1	13.9
广　西 Guangxi	2350.4	241.2	667.2	1442.0	9.0
海　南 Hainan	2262.2	320.8	282.3	1659.1	32.8
其　他 Other	2034.6	36.4	82.6	1915.5	0.4

注：地区生产总值数据来源于国家统计局官方网站。

Note: The data of the Gross Regional Product come from the official website of the National Bureau of Statistics.

2-22 分地区海洋生产总值构成（2022年）
Composition of Gross Ocean Product by Regions (2022)

(%)

地 区 Region	海洋生产总值 Gross Ocean Product	第一产业 Primary Industry	第二产业 Secondary Industry	第三产业 Tertiary Industry
合 计 Total	**100.0**	**4.8**	**36.3**	**58.9**
天 津 Tianjin	100.0	0.1	52.4	47.5
河 北 Hebei	100.0	6.3	39.3	54.4
辽 宁 Liaoning	100.0	8.5	38.2	53.3
上 海 Shanghai	100.0	0.1	27.2	72.8
江 苏 Jiangsu	100.0	3.3	41.0	55.8
浙 江 Zhejiang	100.0	5.2	39.3	55.6
福 建 Fujian	100.0	7.8	37.2	55.0
山 东 Shandong	100.0	5.8	43.4	50.7
广 东 Guangdong	100.0	3.4	31.8	64.9
广 西 Guangxi	100.0	10.3	28.4	61.4
海 南 Hainan	100.0	14.2	12.5	73.3
其 他 Other	100.0	1.8	4.1	94.1

2-23 分地区海洋及相关产业增加值（2022年）
Added Values of Marine and Related Industries by Regions (2022)

单位：亿元 (100 million yuan)

年 份 Year	合 计 Total	海洋产业 Marine Industry	海洋科研教育 Marine Scientific Research and Education	海洋公共管理服务 Marine Public Management and Service	海洋上游相关产业 Upstream Marine-Related Industry	海洋下游相关产业 Downstream Marine-Related Industry
合 计 Total	**93559.5**	**37953.3**	**6113.0**	**15911.5**	**13378.4**	**20203.2**
天 津 Tianjin	5544.7	2991.7	153.4	197.0	665.1	1537.5
河 北 Hebei	2847.9	1365.7	168.9	355.7	410.9	546.7
辽 宁 Liaoning	4651.9	2306.6	171.3	781.4	612.2	780.4
上 海 Shanghai	9049.6	2180.2	413.5	2637.7	1775.7	2042.5
江 苏 Jiangsu	9002.9	3400.1	607.0	1417.1	1846.4	1732.2
浙 江 Zhejiang	10382.3	4865.3	332.8	1495.4	932.3	2756.4
福 建 Fujian	11199.7	4828.8	259.7	1417.5	2061.0	2632.6
山 东 Shandong	16173.9	7114.5	965.1	1927.2	2390.4	3776.6
广 东 Guangdong	18059.6	6508.7	958.4	5186.6	2347.1	3058.8
广 西 Guangxi	2350.4	1120.1	121.4	211.0	267.6	630.2
海 南 Hainan	2262.2	1152.4	45.8	285.0	69.8	709.2
其 他 Other	2034.6	119.1	1915.5			

2-24 分地区海洋及相关产业增加值构成（2022年）
Composition of the Added Values of Marine and Related Industries by Regions (2022)

(%)

年 份 Year	合 计 Total	海洋产业 Marine Industry	海洋科研教育 Marine Scientific Research and Education	海洋公共管理服务 Marine Public Management and Service	海洋上游相关产业 Upstream Marine-Related Industry	海洋下游相关产业 Downstream Marine-Related Industry
合 计 Total	**100.0**	**40.6**	**6.5**	**17.0**	**14.3**	**21.6**
天 津 Tianjin	100.0	54.0	2.8	3.6	12.0	27.7
河 北 Hebei	100.0	48.0	5.9	12.5	14.4	19.2
辽 宁 Liaoning	100.0	49.6	3.7	16.8	13.2	16.8
上 海 Shanghai	100.0	24.1	4.6	29.1	19.6	22.6
江 苏 Jiangsu	100.0	37.8	6.7	15.7	20.5	19.2
浙 江 Zhejiang	100.0	46.9	3.2	14.4	9.0	26.5
福 建 Fujian	100.0	43.1	2.3	12.7	18.4	23.5
山 东 Shandong	100.0	44.0	6.0	11.9	14.8	23.4
广 东 Guangdong	100.0	36.0	5.3	28.7	13.0	16.9
广 西 Guangxi	100.0	47.7	5.2	9.0	11.4	26.8
海 南 Hainan	100.0	50.9	2.0	12.6	3.1	31.4
其 他 Other	100.0	5.9	94.1			

主要统计指标解释

1. **海洋经济** 是开发、利用和保护海洋的各类产业活动，以及与之相关联活动的总和。依据《海洋及相关产业分类》（GB/T 20794－2021），将海洋经济活动划分为海洋产业、海洋科研教育、海洋公共管理服务、海洋上游相关产业和海洋下游相关产业。

2. **海洋生产总值** 是海洋经济生产总值的简称，指按市场价格计算的我国常住单位在一定时期内海洋经济活动的最终成果，是各海洋及相关产业增加值之和。

3. **海洋产业** 包括海洋渔业、沿海滩涂种植业、海洋水产品加工业、海洋油气业、海洋矿业、海洋盐业、海洋船舶工业、海洋工程装备制造业、海洋化工业、海洋药物和生物制品业、海洋工程建筑业、海洋电力业、海水淡化与综合利用业、海洋交通运输业、海洋旅游业。

4. **海洋科研教育** 包括海洋科学研究和海洋教育。

5. **海洋公共管理服务** 包括海洋管理，海洋社会团体、基金与国际组织，海洋技术服务，海洋信息服务，海洋生态环境保护修复、海洋地质勘查。

6. **海洋上游相关产业** 包括涉海设备制造和涉海材料制造。

7. **海洋下游相关产业** 包括涉海产品再加工、涉海产品批发与零售和涉海经营服务。

8. **海洋三次产业** 我国的海洋三次产业划分依据《海洋及相关产业分类》（GB/T 20794－2021）。

9. **海洋渔业** 包括海水养殖、海洋捕捞、海洋渔业专业及辅助性活动。

10. **沿海滩涂种植业** 指在沿海滩涂种植农作物、林木的活动，以及为农作物、林木生产提供的相关服务活动。

11. **海洋水产品加工业** 指以海水经济动植物为主要原料加工制成食品或其他产品的生产活动。

12. **海洋油气业** 指在海洋中勘探、开采、输送、加工原油和天然气的生产和服务活动。

13. **海洋矿业** 指采选海洋矿产的活动，包括海岸带矿产资源采选、海底矿产资源采选，不包括海洋石油和天然气资源的开采活动。

14. **海洋盐业** 指利用海水（含沿海浅层地下卤水）生产以氯化钠为主要成分的盐产品的活动。

15. **海洋船舶工业** 包括海洋船舶制造、海洋船舶改装拆除与修理、海洋船舶配套设备制造、海洋航标器材制造等活动。不包括海洋工程类船舶、海洋科考船、海洋调查船制造和修理活动。

16. **海洋工程装备制造业** 指人类开发、利用和保护海洋活动中使用的工程装备和辅助装备的制造活动，包括海洋矿产资源勘探开发装备、海洋油气资源勘探开发装备、海洋风能与可再生能源开发利用装备、海水淡化与综合利用装备、海洋生物资源利用装备、海洋信息装备、海洋工程通用装备等海洋工程装备的制造及修理活动。

17. **海洋化工业** 指利用海盐、海洋石油、海藻等海洋原材料生产化工产品的活动。

18. **海洋药物和生物制品业** 指以海洋生物（包括其代谢产物）和矿物等物质为原料，生产药物、功能性食品以及生物制品的活动。

19. **海洋工程建筑业** 指用于海洋开发、利用、保护等用途的工程建筑施工及其准备活动。

20. 海洋电力业 指利用海洋风能、海洋能等可再生能源进行的电力生产活动。

21. 海水淡化与综合利用业 包括海水淡化、海水直接利用和海水化学资源利用等活动。

22. 海洋交通运输业 指以船舶为主要工具从事海洋运输以及为海洋运输提供服务的活动。

23. 海洋旅游业 指以亲海为目的，开展的观光游览、休闲娱乐、度假住宿和体育运动等活动。

Explanatory Notes on Main Statistical Indicators

1. Marine Economy is the summation of various types of industrial activities for developing, utilizing and protecting the ocean as well as the activities associated therewith. According to the Classification of Marine and Marine-related Industries (GB/T 20794－2021), marine economic activities are divided into marine industry, marine scientific research and education, marine public management and service, upstream marine-related industry and downstream marine-related industry.

2. Gross Ocean Product is the short form of the gross output value of marine economy, referring to the final result of marine economic activities of the permanent residence units in the coastal region within a given period calculated at the market price, and the sum total of the added values of the marine and marine-related industries.

3. Marine industry includes marine fishery, coastal tidal-land planting industry, marine aquatic products processing industry, offshore oil and gas industry, marine mining industry, sea salt industry, marine shipbuilding industry, marine engineering equipment manufacturing industry, marine chemical industry, marine pharmaceutical and biological products industry, marine engineering construction industry, marine electric power industry, seawater desalination and comprehensive utilization industry, marine communications and transport industry and marine tourism.

4. Marine Scientific Research and Education includes marine scientific research and marine education.

5. Marine Public Management and Service includes marine management, marine social groups, foundations and international organizations, marine technological service, marine information service, marine ecological environment protection and restoration and ocean geological prospecting.

6. Upstream Marine-Related Industry includes marine equipment manufacturing and marine material manufacturing.

7. Downstream Marine-Related Industry includes reprocessing, wholesale and retail marine-related product, and marine business service.

8. Marine Three Industries China’s marine three industries are divided on the basis of the classfication of Marine and Marine-Related Industries (GB/T 20794－2021).

9. Marine Fishery includes mariculture, marine fishing, professional and auxiliary activities in marine fisheries.

10. Coastal Tidal-Land Planting Industry refers to the activities of planting crops and trees in the coastal tidal land, as well as the related service activities provided for the production of crops and trees.

11. Marine Aquatic Product Processing Industry refers to the production activity of using marine economic animals and plants as main raw materials to process them into food or other products.

12. Offshore Oil and Gas Industry refers to the production and service activities of exploring, extracting, transporting, and processing crude oil and natural gas in the ocean.

13. Marine Mining Industry refers to the activities of extracting and dressing marine minerals, including the extraction and dressing of coastal mineral resources and seabed mineral resources, but not the extraction of marine oil and natural gas resources.

14. Sea Salt Industry refers to the activity of using seawater (including coastal shallow underground brine) to produce salt products mainly composed of sodium chloride.

15. Marine Shipbuilding Industry includes activities such as marine ships building, marine ships modification, dismantling and repair, marine ships supporting equipment manufacturing, and marine aids to navigation equipment manufacturing, but not the manufacturing and repair activities for ocean engineering ships, ocean scientific research vessels and ocean survey vessels.

16. Marine Engineering Equipment Manufacturing Industry refers to the manufacturing activities for engineering equipment and auxiliary equipment used in man's activities of developing, utilizing and protecting the ocean, including the activities of manufacuring and repairing marine engineering equipments such as marine mineral resources exploration and development equipment, offshore oil and gas resource exploration and development equipment, marine wind and renewable energy resources development and utilization equipment, seawater desalination and comprehensive utilization equipment, marine biological resource utilization equipment, marine information equipment and general equipment for marine engineering.

17. Marine Chemical Industry refers to the activity of producing chemical products by using sea salt, marine oil and seaweed as raw materials.

18. Marine Pharmaceutical and Biological Products Industry refers to the activity of producing, functional foods, and biological products by using marine organisms (including their metabolites) and minerals as raw materials.

19. Marine Engineering Construction Industry refers to the construction and preparation activities of engineering buildings used for marine development, utilization, protection, and other purposes.

20. Marine Electric Power Industry refers to the electric power production activities that utilize renewable energy sources such as ocean wind and ocean energy, etc.

21. Seawater Desalination and Comprehensive Utilization Industry includes activities such as seawater desalination, direct utilization of seawater, and utilization of seawater chemical resources.

22. Marine Communications and Transport Industry refers to the activities of using ships as the main means of transportation and providing services for marine transportation.

23. Marine Tourism refers to activities such as sightseeing, leisure and entertainment, vacation accommodation, and sports, etc. carried out for the purpose of being close to the sea.

3

主要海洋产业活动

Major Marine Industrial Activities

3-1 全国海洋水产品产量（按产品类别分）
Production of National Marine Aquatic Products (by Product Category)

单位：吨 (t)

项　目　Item	2020	2021	2022
海洋水产品产量 Production of Marine Aquatic Products	**33143754**	**33872434**	**34595280**
海水养殖产量 Mariculture Production	**21353076**	**22111374**	**22756987**
鱼　类　Fish	1749764	1843800	1925574
甲壳类　Crustacea	1775001	1854948	1952476
贝　类　Shellfish	14800800	15260697	15695844
藻　类　Algae	2615136	2714601	2713914
其　他　Others	412375	437328	469179
近海捕捞产量 Offshore Catches	**9474104**	**9514584**	**9508508**
鱼　类　Fish	6487763	6451504	6418652
甲壳类　Crustacea	1810820	1861386	1885340
贝　类　Shellfish	361928	359372	362916
藻　类　Algae	21739	20285	19392
头足类　Cephalopoda	564901	585514	591514
其　他　Others	226953	236523	230694
远洋渔业产量 Deep-sea Fishing Production	**2316574**	**2246476**	**2329785**

3-2 全国海洋水产品产量（按地区分）（2022年）
Production of National Marine Aquatic Products (by Regions) (2022)

单位：吨　　(t)

地 区 Region	海洋水产品产量 Production of Marine Aquatic Products	海水养殖产量 Mariculture Production	近海捕捞产量 Offshore Catches	远洋渔业产量 Deep-sea Fishing Production
全国总计 National Total	**34595280**	**22756987**	**9508508**	**2329785**
北 京 Beijing	207401			207401
天 津 Tianjin	41033	9771	23794	7468
河 北 Hebei	813209	580005	190614	42590
辽 宁 Liaoning	4027168	3392947	461607	172614
上 海 Shanghai	138058		10038	128020
江 苏 Jiangsu	1352220	924037	412345	15838
浙 江 Zhejiang	4754098	1495736	2572416	685946
福 建 Fujian	7624395	5477892	1531200	615303
山 东 Shandong	7622454	5560794	1687960	373700
广 东 Guangdong	4582874	3396736	1124205	61933
广 西 Guangxi	2151841	1656464	476405	18972
海 南 Hainan	1280529	262605	1017924	

注：中国农业发展集团有限公司远洋渔业产量计入北京市远洋渔业产量中。

Note: Deep-sea fishing production of the China National Agricultural Development Group Co., Ltd. is included in that of Beijing.

3-3 沿海地区海盐产量
Output of Sea Salt by Coastal Regions

单位：万吨 (10000 t)

地 区 Region	2020	2021	2022
合 计 **Total**	**1808.2**	**1677.0**	**1627.1**
天 津 Tianjin	195.6	181.8	173.0
河 北 Hebei	330.2	319.5	275.0
辽 宁 Liaoning	93.5	74.7	50.2
江 苏 Jiangsu	75.3	3.8	3.0
浙 江 Zhejiang	0.3	…	…
福 建 Fujian	28.0	28.0	21.7
山 东 Shandong	1075.0	1060.5	1099.2
广 东 Guangdong	5.3	4.4	1.3
海 南 Hainan	5.1	4.4	3.8

注：数据为沿海地区汇总数据。
Note: The data are collected from the coastal regions.

3-4 分地区海船完工量（2022年）
Marine Shipbuilding Completions by Regions (2022)

部门和地区 Sector and Region	海船完工量 Marine Shipbuilding Completions		
	艘 (unit)	万载重吨 (10000 DWT)	万修正总吨 (10000 CGT)
合　计　**Total**	**976**	**3792**	**1407**
其　中: Including:			
中国船舶集团有限公司 CSSC	191	1444	465
按地区分: by Regions:			
辽　宁 Liaoning	59	552	126
上　海 Shanghai	48	595	216
江　苏 Jiangsu	315	1705	582
浙　江 Zhejiang	252	309	166
安　徽 Anhui	28	31	21
福　建 Fujian	42	54	39
江　西 Jiangxi	11	0	2
山　东 Shandong	54	278	94
湖　北 Hubei	21	12	15
广　东 Guangdong	111	247	131
广　西 Guangxi	26	5	8
重　庆 Chongqing	4	4	5
北　京 Beijing	5	0	1

注：中船（天津）船舶制造有限公司数据并入大连船舶重工集团有限公司，计入辽宁省。

Note: The data of CSSC (Tian Jin) Shipbuilding Co., Ltd. is incorporated into Dalian Shipbuilding Industry Co., Ltd. and included in Liaoning.

3-5 沿海地区海洋货物运输量和周转量（2022年）
Maritime Freight Traffic and Ton-kilometers by Coastal Regions (2022)

单位：万吨，万吨·千米　　(10000 t, 10000 t·km)

地　区 Region	海洋货运量 Maritime Freight Traffic	海洋货物周转量 Maritime Freight Ton-kilometers
合　计 **Total**	**415145**	**1019774057**
天　津 Tianjin	10761	14866157
河　北 Hebei	5197	8378983
辽　宁 Liaoning	4484	5290954
上　海 Shanghai	88980	311543042
江　苏 Jiangsu	40799	58991128
浙　江 Zhejiang	84166	102152285
福　建 Fujian	56026	98654703
山　东 Shandong	15632	42442596
广　东 Guangdong	56224	243644148
广　西 Guangxi	7770	10531901
海　南 Hainan	22252	99111812
其　他 Others	22854	24166348

3-6 沿海地区海洋旅客运输量和周转量（2022年）
Maritime Passenger Traffic and Passenger-kilometers by Coastal Regions (2022)

单位：万人，万人·千米 (10000 persons, 10000 person·km)

地　区 Region	海洋客运量 Maritime Passenger Traffic	海洋旅客周转量 Maritime Passenger-kilometers
合　计 Total	**5466**	**139051**
天　津 Tianjin	1	24
河　北 Hebei		
辽　宁 Liaoning	244	17463
上　海 Shanghai		
江　苏 Jiangsu		
浙　江 Zhejiang	1902	30599
福　建 Fujian	489	4368
山　东 Shandong	693	31067
广　东 Guangdong	662	19967
广　西 Guangxi	114	5837
海　南 Hainan	1361	29727

3-7 沿海港口客货吞吐量（2022年）
Volume of Passenger and Freight Handled at Coastal Seaports (2022)

单位：万吨，万人 (10000 t, 10000 persons)

地　区 Region	货物吞吐量 Cargo Handled	外　贸 Foreign Trade	旅客吞吐量 Passenger Throughput	离　港 Leaving
合　计 Total	**1013102**	**412719**	**3847**	**1937**
天　津 Tianjin	54902	30530		
河　北 Hebei	127667	34769		
辽　宁 Liaoning	74051	24233	211	110
上　海 Shanghai	66832	39834	3	1
江　苏 Jiangsu	43654	15910		
浙　江 Zhejiang	154094	59036	207	103
福　建 Fujian	71408	25766	172	86
山　东 Shandong	189036	98755	596	293
广　东 Guangdong	175517	63319	1464	749
广　西 Guangxi	37134	16756	4	2
海　南 Hainan	18806	3810	1191	592

3-8 沿海港口国际标准集装箱吞吐量
Volume of International Standardized Containers Handled at Coastal Seaports

单位：万标准箱，万吨 (10000 TEU, 10000 t)

地　区 Region	2020		2021		2022	
	箱　数 Number of Containers	重　量 Weight	箱　数 Number of Containers	重　量 Weight	箱　数 Number of Containers	重　量 Weight
合　计 Total	**23429**	**264788**	**24933**	**276003**	**26073**	**274922**
天　津 Tianjin	1835	19322	2027	20409	2102	21210
河　北 Hebei	447	5535	481	4726	498	4408
辽　宁 Liaoning	1311	17806	1135	15411	1195	14516
上　海 Shanghai	4350	43466	4703	45691	4730	43569
江　苏 Jiangsu	507	5100	541	5282	609	5796
浙　江 Zhejiang	3219	32143	3489	33400	3796	34927
福　建 Fujian	1720	22364	1746	21978	1800	21170
山　东 Shandong	3191	36866	3447	41464	3757	45692
广　东 Guangdong	6044	67487	6429	71588	6490	68726
广　西 Guangxi	505	9650	601	11174	702	11080
海　南 Hainan	300	5048	334	4881	392	3829

3-9 沿海城市国内旅游人数
Domestic Visitors by Coastal Cities

单位：万人次 (10000 person-times)

城　市 City		2019	2020	2021
天　津	**Tianjin**	**24497**	**14124**	**17894**
河　北	**Hebei**	**17548**	**8611**	
唐　山	Tangshan	7852	4238	
秦皇岛	Qinhuangdao	7228	2680	
沧　州	Cangzhou	2468	1693	
辽　宁	**Liaoning**	**28770**	**12868**	
大　连	Dalian	10268	3985	
丹　东	Dandong	5594	1746	
锦　州	Jinzhou	3375	1310	
营　口	Yingkou	3087	2034	
盘　锦	Panjin	3595	2342	
葫芦岛	Huludao	2851	1450	
上　海	**Shanghai**	**36141**	**23606**	
江　苏	**Jiangsu**	**13154**	**6589**	**10607**
南　通	Nantong	5251	1621	4315
连云港	Lianyungang	4199	2563	3620
盐　城	Yancheng	3704	2405	2672
浙　江	**Zhejiang**	**59769**	**51217**	**18164**
宁　波	Ningbo	13947	12524	5151
温　州	Wenzhou	13670	11939	4957
嘉　兴	Jiaxing	11971	10104	3215
舟　山	Zhoushan	7025	5236	1241
台　州	Taizhou	13156	11414	3600

注：数据来源于沿海省（自治区、直辖市）统计年鉴。

Note: The data come from statistical yearbooks of coastal provinces, autonomous regions and municipalities directly under the Central Government.

3-9 续表 continued

城 市 City		2019	2020	2021
福 建	**Fujian**			
福 州	Fuzhou			
厦 门	Xiamen			
莆 田	Putian			
泉 州	Quanzhou			
漳 州	Zhangzhou			
宁 德	Ningde			
山 东	**Shandong**			
青 岛	Qingdao			
东 营	Dongying			
烟 台	Yantai			
潍 坊	Weifang			
威 海	Weihai			
日 照	Rizhao			
滨 州	Binzhou			
广 东	**Guangdong**	**36722**	**17922**	**21084**
广 州	Guangzhou	5874	3973	5727
深 圳	Shenzhen	5501	4879	6233
珠 海	Zhuhai	2263	924	962
汕 头	Shantou	2307	494	491
江 门	Jiangmen	2766	700	767
湛 江	Zhanjiang	2800	753	806
茂 名	Maoming	1546	536	557
惠 州	Huizhou	2731	1297	1367
汕 尾	Shanwei	965	501	426
阳 江	Yangjiang	1623	864	488
东 莞	Dongguan	2051	1648	1939
中 山	Zhongshan	1413	810	776
潮 州	Chaozhou	2535	280	272
揭 阳	Jieyang	2348	265	274
广 西	**Guangxi**	**13919**	**10763**	**13155**
北 海	Beihai	5279	4120	5124
防城港	Fangchenggang	3652	2767	3396
钦 州	Qinzhou	4988	3876	4635
海 南	**Hainan**	**4160**	**3342**	**4271**
海 口	Haikou	1689	1337	1683
三 亚	Sanya	2197	1740	2148
儋 州	Danzhou	275	265	440

主要统计指标解释

1. 海洋捕捞产量 指国内海域捕捞的天然生长的水产品产量，不包括远洋渔业产量。

2. 海水养殖产量 指从人工投放苗种或天然纳苗并进行人工饲养管理的海水养殖水域中捕捞的水产品产量。

3. 远洋渔业产量 由各远洋渔业企业和各生产单位按我国远洋渔业项目管理办法组织的远洋渔船（队）在非我国管辖海域（外国专属经济区水域或公海）捕捞的水产品产量。中外合资、合作渔船捕捞的水产品只统计按协议应属于中方所有的部分。

4. 海盐产量 指报告期内以海水（含沿海浅层地下卤水）为原料经晒制而成的以氯化钠为主要成分的产品，并经验收后符合质量标准的合格产量。

5. 货运量 指经船舶实际运送的货物重量。

6. 货物周转量 指船舶实际运送的每批货物重量与其运送距离的乘积之和。

7. 客运量 指经船舶实际运送的旅客人数。

8. 旅客周转量 指经船舶实际运送的每位旅客与该旅客运送距离的乘积之和。

9. 国际标准集装箱吞吐量 经由水路进、出沿海港区范围并经过装卸的集装箱数量。

Explanatory Notes on Main Statistical Indicators

1. Marine Catches refers to the output of marine natural aquatic products caught in the domestic sea area, excluding the output of deep-sea fishing production.

2. Mariculture Production refers to the output of aquatic products whose young are artificially released or naturally collected, and raised and managed artificially, and which are caught from the waters of mariculture.

3. Deep-Sea Fishing Production refers to the output of aquatic products caught in the non-Chinese jurisdictional sea areas (foreign EEZ or high sea) by the distant fishing vessels (fleet) organized by various distant fishing businesses and production units according to the management measures for the China distant fishing projects. The aquatic products caught by the Chinese-foreign joint ventures' and cooperative fishing vessels are counted only for the part owned by the Chinese side according to the agreement.

4. Output of Sea Salt refers to the qualified output of the product with sodium chloride as the main component, which is made from seawater (including coastal shallow underground brine) as raw material and meets the quality standard after acceptance during the reporting period.

5. Freight Traffic refers to the weight of freight actually transported by vessels.

6. Freight Ton-kilometers refers to the product sum of the weight of each batch of cargoes actually transported by vessels multiplied by its transport distance.

7. Passenger Traffic refers to the number of passengers actually transported by vessels.

8. Passenger-kilometers refers to the product sum of each of the passengers actually transported by vessels multiplied by the transport distance of this passenger.

9. Volume of International Standardized Containers Handled refers to the number of loaded and unloaded containers that enter and leave the coastal seaports area.

4

主要海洋产业生产能力

Production Capacity of Major Marine Industries

4-1 沿海地区海水养殖面积
Mariculture Area by Coastal Regions

单位：公顷 (hm²)

地 区 Region	2020	2021	2022
合 计 Total	**1995550**	**2025512**	**2074420**
天 津 Tianjin	975	971	1005
河 北 Hebei	105341	104185	105587
辽 宁 Liaoning	650719	647606	677201
上 海 Shanghai	266	220	
江 苏 Jiangsu	177629	171106	172188
浙 江 Zhejiang	82535	81466	83439
福 建 Fujian	163144	164641	167953
山 东 Shandong	580350	608376	617464
广 东 Guangdong	164719	166805	166596
广 西 Guangxi	52277	64255	67393
海 南 Hainan	17595	15881	15594

注：数据来源于《2023中国渔业统计年鉴》。
Note: The data come from the *China Fishery Statistical Yearbook 2023.*

4-2 沿海地区盐田面积和海盐生产能力
Salt Pan Area and Sea Salt Production Capacity by Coastal Regions

地 区 Region	盐田总面积（平方千米） Total Area of Salt Pan (km^2)		生产面积（平方千米） Production Area (km^2)		年末海盐生产能力（万吨） Year-End Capacity of Sea Salt Production (10000 t)	
	2021	2022	2021	2022	2021	2022
合 计 **Total**	**2468**	**2505**	**1841**	**1902**	**2534**	**2519**
天 津 Tianjin	261	261	235	235	161	161
河 北 Hebei	501	492	400	457	382	370
辽 宁 Liaoning	289	330	212	222	102	99
江 苏 Jiangsu	11	12	9	9	3	3
浙 江 Zhejiang	…	…	…	…	…	…
福 建 Fujian	51	51	39	39	30	30
山 东 Shandong	1283	1288	907	903	1845	1845
广 东 Guangdong	29	29	11	8	6	4
海 南 Hainan	43	43	28	28	6	7

4-3 海上风电项目情况（2022年）
Projects of Offshore Wind Power (2022)

地 区 Region	海上风电新增项目情况 New Offshore Wind Power Projects		海上风电累计项目情况 Installed Offshore Wind Power Projects	
	新增装机数量（台） New Installed Number (unit)	新增装机容量（兆瓦） New Installed Capacity (MW)	累计装机数量（台） Cumulative Installed Number (unit)	累计装机容量（兆瓦） Cumulative Installed Capacity (MW)
合 计 Total	**695**	**5157.2**	**5932**	**30508.8**
天 津 Tianjin			36	117.0
河 北 Hebei			75	300.0
辽 宁 Liaoning			203	1053.5
上 海 Shanghai			222	1004.9
江 苏 Jiangsu			2778	11804.8
浙 江 Zhejiang	99	578.4	454	2466.5
福 建 Fujian	98	750.0	507	3068.9
山 东 Shandong	270	2041.0	391	2665.2
广 东 Guangdong	228	1787.8	1266	8028.1

4-4 主要海洋能电站运行情况（2022年）
Operation of Major Ocean Power Stations (2022)

电站名称 Name	运行情况 Status of Operation	在运行机组总装机容量[①]（千瓦） Total Installed Capacity of the Units in Operation (kW)	累计装机容量（千瓦） Cumulative Installed Capacity (kW)
LHD潮流能电站 LHD Tidal Power Station	2016年3月开始建设，2016年8月并网 It began construction in March 2016 and was put into use in August 2016	1300	3300
海山潮汐电站 Haishan Tidal Power Station	1972年开始建造，1975年投入使用 It began construction in 1972 and was put into use in 1975	125	250
江厦潮汐试验电站 Jiangxia Experimental Tidal Power Station	1972年开始建造，1980年投入使用 It began construction in 1972 and was put into use in 1980	4100	4100

4-5 主要海上活动船舶（2022年）
Major Vessels Operating on the Sea (2022)

类 别 Type	艘数 （艘） Number of Vessels (unit)	总吨 Gross Tonnage	净载重量 （万吨） Net Weight Tonnage (10000 t)	载客量 （客位） Passenger Capacity (seat)	总功率 （千瓦） Total Power (kW)
海洋机动渔船（生产渔船） Marine Motor Fishing Vessels (Production Fishing Vessels)	194530	8467631			14342155
#远洋渔船 Ocean-going Fishing Vessels	2551				2873365
海洋油气船舶 Offshore Oil and Gas Vessels	256	394		17321	2138643
物探船 Physical Exploration Vessels	15	7		885	74974
其他 Others	241	387		16436	2063669
海洋运输船舶 Marine Transport Vessels	12384		14526.1	289042	40715401
沿 海 Coastal	10997		9370.3	268434	25003183
远 洋 Ocean-going	1387		5155.8	20608	15712218
海洋调查船 Marine Research Vessels	54	156722		2071	242650
中国科学院 Chinese Academy of Sciences	10	26857		378	44367
自然资源部 Ministry of Natural Resources of the PRC	44	129865		1693 ①	198283

注：①数据为33艘海洋调查船的载客量合计数。

Notes: ①The data is the total passenger capacity of 33 marine research vessels.

4-6 沿海主要港口生产用码头泊位（2022年）
Berths for Productive Use at the Main Coastal Seaports (2022)

单位：米，个 (m, unit)

港 口 Seaport		码头长度 Wharf Length	泊位个数 Number of Berths	万吨级 10000 Tons Class
合 计	**Total**	**870762**	**5157**	**2175**
丹 东	Dandong	7626	42	25
大 连	Dalian	44334	232	114
营 口	Yingkou	18875	85	61
锦 州	Jinzhou	6686	25	23
秦皇岛	Qinhuangdao	16013	73	44
黄 骅	Huanghua	11186	44	39
唐 山	Tangshan	36908	143	129
天 津	Tianjin	41854	164	131
烟 台	Yantai	40133	229	110
威 海	Weihai	12916	79	37
青 岛	Qingdao	32104	123	97
日 照	Rizhao	23698	88	77
上 海	Shanghai	76829	561	187
连云港	Lianyungang	21372	99	72
盐 城	Yancheng	12015	82	26
嘉 兴	Jiaxing	15050	121	39
宁波舟山	Ningbo Zhoushan	101306	630	205
台 州	Taizhou	12113	106	11
温 州	Wenzhou	15123	152	20

4-6 续表 continued

港 口 Seaport		码头长度 Wharf Length	泊位个数 Number of Berths	万吨级 10000 Tons Class
福 州	Fuzhou	28911	166	76
湄洲湾	Meizhou Wan	13250	62	30
泉 州	Quanzhou	7982	52	13
厦 门	Xiamen	32250	177	79
汕 头	Shantou	5900	35	14
汕 尾	Shanwei	2049	17	3
惠 州	Huizhou	12261	53	29
深 圳	Shenzhen	33384	160	76
东 莞	Dongguan	19272	130	39
广 州	Guangzhou	38863	326	83
中 山	Zhongshan	2301	28	
珠 海	Zhuhai	19455	131	34
江 门	Jiangmen	13544	145	6
阳 江	Yangjiang	3689	19	11
茂 名	Maoming	3880	20	13
湛 江	Zhanjiang	22542	149	44
北部湾	Beibu Gulf	42946	283	103
海 口	Haikou	9676	69	34
洋 浦	Yangpu	9979	45	32
八 所	Basuo	2488	12	9

4-7 沿海地区星级饭店基本情况（2022年）
Star Grade Hotels and Occupancies by Coastal Regions (2022)

地　区 Region	饭店数 （座） Number of Hotels (unit)	客房数 （间/套） Number of Rooms (unit)	床位数 （张） Number of Beds (unit)	客房出租率 （%） Room Occupancy (%)
合　计　**Total**	**2964**	**522411**	**900500**	**38.96**
天　津　Tianjin	64	10587	16070	35.36
河　北　Hebei	269	46458	78118	30.89
辽　宁　Liaoning	220	34218	55530	32.42
上　海　Shanghai	151	43021	63062	38.48
江　苏　Jiangsu	324	59801	91153	44.19
浙　江　Zhejiang	437	73510	116536	47.71
福　建　Fujian	233	44283	67787	43.16
山　东　Shandong	403	61034	98571	39.44
广　东　Guangdong	446	90693	142396	38.62
广　西　Guangxi	332	39933	141296	37.64
海　南　Hainan	85	18873	29981	44.37

4-8 沿海地区旅行社数量
Number of Travel Agencies by Coastal Regions

单位：家　　　　(unit)

地　区 Region		2020	2021	2022
合　计	**Total**	**20185**	**20985**	**21661**
天　津	Tianjin	516	524	529
河　北	Hebei	1531	1552	1221
辽　宁	Liaoning	1530	1547	1593
上　海	Shanghai	1808	1865	1884
江　苏	Jiangsu	3057	3155	3297
浙　江	Zhejiang	2885	3014	3181
福　建	Fujian	1270	1336	1472
山　东	Shandong	2676	2734	2864
广　东	Guangdong	3390	3592	3754
广　西	Guangxi	922	963	1036
海　南	Hainan	600	703	830

主要统计指标解释

1. 海水养殖面积 指利用天然海水养殖水产品的水面面积，包括海上养殖、滩涂养殖、其他养殖。工厂化，深水网箱养殖面积不计入海水养殖面积。在报告期内无论是否全部收获或尚未收获其产品，均应统计在海水养殖面积中。但有些滩涂、水面不投放苗种或投放少量苗种，只进行一般管理的，不纳入养殖统计。

2. 盐田总面积 指盐田占有的全部面积。包括储卤、蒸发、保卤、结晶面积、滩内的沟、壕、池、埝、滩坨等面积及滩外的沟、壕、公路及杂地面积。

3. 盐田生产面积 指直接提供给海盐生产的面积，包括结晶面积、蒸发面积、保卤面积，滩内的沟、壕、池、埝面积及滩坨面积。

4. 年末海盐生产能力 指年末企业生产原盐的全部设备的综合平衡能力。海盐生产露天作业，受天气影响，因而计算生产能力时，成熟滩田按 10 年实际平均单位生产面积产量乘以本年成熟滩田生产面积而得，新滩田按设计能力及滩田成熟程度可能达到的产量计算。

5. 海洋机动渔船 指配置机器作为动力的从事海洋渔业生产及为海洋渔业生产服务的船舶。

6. 远洋渔船 按我国远洋渔业项目管理办法在非我国管辖海域（外国专属经济区水域或公海）进行常年或季节性生产的渔船。

7. 泊位个数 指设有系靠船舶设施，在同一时间内可供靠泊最大吨级船舶的艘数。即可靠泊一艘船舶，则计为一个泊位，余类推。泊位分码头泊位和浮筒泊位。

8. 客房数 指饭店实际可用于接待旅游者的房间数。

9. 床位数 指饭店实际可用于接待旅游者的床位数。

Explanatory Notes on Main Statistical Indicators

1. Mariculture Area refers to the area of the water surface where aquatic products are cultivated by using natural seawater, including maritime culture, tidal flat culture and other cultures. The area of factory farming and deepwater net-cage culture is not included in the Mariculture Area. Whether or not all the products in the area have been harvested or the products have not been harvested yet in the period covered by the report, the area is included in the Mariculture Area. But some tidal flats and water surfaces where none or a small amount of the young have been released and only general management is carried out are not included in the Mariculture Area.

2. Total Area of Salt Pans refers to the total area covered by salt pans, including the area for brine storage, evaporation, brine preservation, and crystallization, the area of ditches, moats, ponds and banks within the beach as well as beach mounds, and ditches, moats, highway beyond the beach as well as the area of miscellaneous lands.

3. Area of Salt Pan Production refers to the area directly provided for sea-salt productions, including the area for crystallization, evaporation and brine preservation, the area of ditches, moats, ponds and banks within the beach as well as the area of beach mounds.

4. Year-End Capacity of Crude Salt Production refers to the integrated and balanced capacity of all equipment of the enterprise used for crude salt production at the end of the year. As sea salt production is an open-air operation, which is subject to the effect of weather, the production capacity of a matured salt pan is calculated at the productions of the actual average unit production area in ten years times the production area of the matured salt pan in the current year. The production capacity of new salt pans is calculated at the production that may be reached in the light of the designed capacity and the level of maturity of the salt pan.

5. Marine Motor Fishing Vessels refer to the vessels powered by machines going for and serving for and serving for marine fishery production.

6. Deep Sea Fishing Vessels refer to the fishing vessels which carry out production all the year round or seasonally in the non-Chinese jurisdictional sea areas (foreign EEZ or high sea) according to the China Deep-Sea Fishing Projects Management Measures.

7. Number of Berths refers to the spaces equipped with facilities for docking ships and the number of ships of the maximum tonnage that may dock or anchor in them. A space for a ship to dock is counted as one berth and the rest are reasoned out by analogy. Berths are divided into wharf berths and buoy berths.

8. Number of Rooms refers to the number of guest rooms actually used by the hotels receiving tourists.

9. Number of Beds refers to the number of beds actually used by the hotels receiving tourists.

5

海洋科学技术

Marine Science and Technology

5-1 分行业海洋研究与开发机构及人员（2022年）
Marine R&D Institutions and Personnel by Industry (2022)

行　业 Industry	机构数 （个） Number of Institutions (unit)	从业人员 （人） Employees (person)	#从事科技活动人员 Personnel Engaged in Scientifical Activities
合　计 Total	**236**	**48022**	**44093**
海洋科学研究 Marine Scientific Research	**162**	**39850**	**37095**
海洋自然科学研究和试验发展 R&D in Marine Natural Science	52	15830	15109
海洋工程技术研究和试验发展 R&D in Marine Engineering Technology	60	16806	15535
海洋农业科学研究和试验发展 R&D in Marine Agricultural Science	35	4107	3460
海洋生物医药研究和试验发展 R&D in Marine Biomedicine	5	1428	1391
海洋社会人文科学研究 Research on the Humanities of Marine Society	10	1679	1600
海洋技术服务 Marine Technological Service Industry	**33**	**2761**	**2514**
海洋信息服务 Marine Information Service	**36**	**3655**	**3068**
海洋地质勘查 Marine Geological Exploration Industry	**5**	**1756**	**1416**

注：机构为地级及以上独立核算的非企业海洋研究与开发机构（本部分其他表同）；
行业分类参照《海洋及相关产业分类》（GB/T 20794—2021）标准。

Note: The institutions cover the non-enterprise marine research and development institutions with independent accounting at the prefecture level and above. The same applies to the other tables in Part 5.
Industries classification follows the standard *Classification of Marine and Marine-Related Industries* (GB/T 20794—2021).

5-2 分行业海洋研究与开发机构R&D人员（2022年）
R&D Personnel in Marine R&D Institutions by Industry (2022)

单位：人 (person)

行 业 Industry	R&D人员 R&D Personnel	博士毕业 Doctor	硕士毕业 Master	本科毕业 Undergraduate	其他 Others
合 计 Total	**53432**	**22645**	**15374**	**10206**	**5207**
海洋科学研究 Marine Scientific Research	**48647**	**21569**	**13647**	**8582**	**4849**
海洋自然科学研究和试验发展 R&D in Marine Natural Science	26067	13920	5392	3893	2862
海洋工程技术研究和试验发展 R&D in Marine Engineering Technology	15991	5562	6144	2934	1351
海洋农业科学研究和试验发展 R&D in Marine Agricultural Science	3002	729	1043	941	289
海洋生物医药研究和试验发展 R&D in Marine Biomedicine	2318	948	577	534	259
海洋社会人文科学研究 Research on the Humanities of Marine Society	1269	410	491	280	88
海洋技术服务 Marine Technological Service Industry	**2717**	**691**	**788**	**1019**	**219**
海洋信息服务 Marine Information Service	**1249**	**239**	**658**	**327**	**25**
海洋地质勘查 Marine Geological Exploration Industry	**819**	**146**	**281**	**278**	**114**

5-3 分行业海洋研究与开发机构R&D人员全时当量（2022年）
Full-time Equivalent of R&D Personnel in Marine R&D Institutions by Industry (2022)

单位：人年 (man-year)

行 业 Industry	R&D人员全时当量 Full-time Equivalent of R&D Personnel	基础研究 Basic Research	应用研究 Applied Research	试验发展 Experimental Development
合 计 **Total**	**43599**	**16200**	**16258**	**11141**
海洋科学研究 **Marine Scientific Research**	**40290**	**15764**	**15199**	**9327**
海洋自然科学研究和试验发展 R&D in Marine Natural Science	20363	10169	7512	2682
海洋工程技术研究和试验发展 R&D in Marine Engineering Technology	14300	3705	5910	4685
海洋农业科学研究和试验发展 R&D in Marine Agricultural Science	2566	683	527	1356
海洋生物医药研究和试验发展 R&D in Marine Biomedicine	2090	1093	564	433
海洋社会人文科学研究 Research on the Humanities of Marine Society	971	114	686	171
海洋技术服务 **Marine Technological Service Industry**	**1727**	**184**	**606**	**937**
海洋信息服务 **Marine Information Service**	**801**	**82**	**453**	**266**
海洋地质勘查 **Marine Geological Exploration Industry**	**781**	**170**	**0**	**611**

5-4 分行业按活动类型分海洋研究与开发机构 R&D经费内部支出（2022年）

Intramural Expenditure on R&D of Marine R&D Institutions by Activities Type by Industry (2022)

单位：万元 (10000 yuan)

行 业 Industry	R&D经费内部支出 Intramural Expenditure on R&D	基础研究 Basic Research	应用研究 Applied Research	试验发展 Experimental Development
合 计 **Total**	**3122965**	**1024491**	**1156908**	**941566**
海洋科学研究 **Marine Scientific Research**	**2897336**	**993389**	**1105286**	**798661**
海洋自然科学研究和试验发展 R&D in Marine Natural Science	1425554	644892	645878	134783
海洋工程技术研究和试验发展 R&D in Marine Engineering Technology	1058045	235833	327551	494661
海洋农业科学研究和试验发展 R&D in Marine Agricultural Science	183602	34806	47350	101446
海洋生物医药研究和试验发展 R&D in Marine Biomedicine	174596	71665	43041	59890
海洋社会人文科学研究 Research on the Humanities of Marine Society	55540	6193	41466	7881
海洋技术服务 **Marine Technological Service Industry**	**69688**	**6610**	**31480**	**31598**
海洋信息服务 **Marine Information Service**	**38567**	**974**	**20141**	**17452**
海洋地质勘查 **Marine Geological Exploration Industry**	**117373**	**23519**	**0**	**93855**

5-5 分行业按支出类别分海洋研究与开发机构R&D经费内部支出（2022年）

Intramural Expenditure on R&D of Marine R&D Institutions by Expenditure Category by Industry (2022)

单位：万元 (10000 yuan)

行 业 Industry	R&D经费内部支出 Intramural Expenditure on R&D			
	日常性支出 Routine Expenditure	#人员劳务费 Labor Cost	资产性支出 Assets Expenditure	#仪器与设备支出 Equipment
合 计 Total	**2514148**	**1139709**	**608817**	**316197**
海洋科学研究 Marine Scientific Research	**2350032**	**1058739**	**547304**	**309925**
海洋自然科学研究和试验发展 R&D in Marine Natural Science	1157873	521449	267681	179121
海洋工程技术研究和试验发展 R&D in Marine Engineering Technology	866551	362630	191494	91323
海洋农业科学研究和试验发展 R&D in Marine Agricultural Science	163622	84350	19981	13662
海洋生物医药研究和试验发展 R&D in Marine Biomedicine	110654	55089	63942	23525
海洋社会人文科学研究 Research on the Humanities of Marine Society	51333	35222	4207	2295
海洋技术服务 Marine Technological Service Industry	**65563**	**25994**	**4125**	**2578**
海洋信息服务 Marine Information Service	**30387**	**23008**	**8181**	**3221**
海洋地质勘查 Marine Geological Exploration Industry	**68166**	**31967**	**49207**	**473**

5-6 分行业按经费来源分海洋研究与开发机构 R&D 经费内部支出（2022年）

Intramural Expenditure on R&D of Marine R&D Institutions by Source of Funds by Industry (2022)

单位：万元 (10000 yuan)

行 业 Industry	R&D经费内部支出 Intramural Expenditure on R&D				
	政府资金 Government Funds	企业资金 Self-raised Funds by Enterprises	事业单位资金 Public Institution Funds	国外资金 Foreign Funds	其他资金 Other Funds
合 计 Total	**2508438**	**467376**	**96839**	**8216**	**42096**
海洋科学研究 Marine Scientific Research	**2306463**	**454378**	**86364**	**8216**	**41915**
海洋自然科学研究和试验发展 R&D in Marine Natural Science	1227634	145086	31361	4330	17142
海洋工程技术研究和试验发展 R&D in Marine Engineering Technology	715737	280836	36579	221	24672
海洋农业科学研究和试验发展 R&D in Marine Agricultural Science	165997	10083	7421	0	102
海洋生物医药研究和试验发展 R&D in Marine Biomedicine	149634	15381	5915	3665	0
海洋社会人文科学研究 Research on the Humanities of Marine Society	47461	2991	5089	0	0
海洋技术服务 Marine Technological Service Industry	**55727**	**9606**	**4355**	**0**	**0**
海洋信息服务 Marine Information Service	**29133**	**3392**	**6039**	**0**	**3**
海洋地质勘查 Marine Geological Exploration Industry	**117116**	**0**	**80**	**0**	**178**

5-7 分行业海洋研究与开发机构R&D经费外部支出（2022年）External Expenditure on R&D of Marine R&D Institutions by Industry (2022)

单位：万元 (10000 yuan)

行　业 Industry	R&D经费外部支出 External Expenditure on R&D	#对境内研究机构支出 on Domestic Research Institutions	#对境内高等学校支出 on Domestic Higher Education	#对境内企业支出 on Domestic Enterprises
合　计 **Total**	**58884**	**19306**	**7642**	**27867**
海洋科学研究 **Marine Scientific Research**	**54199**	**17170**	**6297**	**26999**
海洋自然科学研究和试验发展 R&D in Marine Natural Science	37821	11235	3237	19741
海洋工程技术研究和试验发展 R&D in Marine Engineering Technology	11952	3886	1464	6569
海洋农业科学研究和试验发展 R&D in Marine Agricultural Science	4130	1900	1552	587
海洋生物医药研究和试验发展 R&D in Marine Biomedicine	297	150	45	102
海洋社会人文科学研究 Research on the Humanities of Marine Society	0	0	0	0
海洋技术服务 **Marine Technological Service Industry**	**1691**	**493**	**662**	**328**
海洋信息服务 **Marine Information Service**	**955**	**424**	**287**	**115**
海洋地质勘查 **Marine Geological Exploration Industry**	**2039**	**1219**	**395**	**425**

5-8 分行业海洋研究与开发机构R&D课题（2022年）
R&D Projects of Marine R&D Institutions by Industry (2022)

行　业 Industry	R&D课题数 （项） R&D Projects (item)	投入人员 （人年） Input of Personnel (man-year)	投入经费 （万元） Input of Funds (10000 yuan)
合　计 **Total**	**23051**	**34467**	**1518277**
海洋科学研究 **Marine Scientific Research**	**22115**	**31789**	**1454812**
海洋自然科学研究和试验发展 R&D in Marine Natural Science	12436	15967	768613
海洋工程技术研究和试验发展 R&D in Marine Engineering Technology	6381	11109	498776
海洋农业科学研究和试验发展 R&D in Marine Agricultural Science	1787	2085	69850
海洋生物医药研究和试验发展 R&D in Marine Biomedicine	968	1843	108174
海洋社会人文科学研究 Research on the Humanities of Marine Society	543	785	9400
海洋技术服务 **Marine Technological Service Industry**	**720**	**1454**	**20740**
海洋信息服务 **Marine Information Service**	**178**	**589**	**9381**
海洋地质勘查 **Marine Geological Exploration Industry**	**38**	**635**	**33343**

5-9 分行业海洋研究与开发机构科技论著（2022年）
Scientific and Technological Papers and Works of Marine R&D Institutions by Industry (2022)

行　业 Industry	发表科技论文（篇） Scientific Papers Issued (piece)	#国内发表 Published in China	出版科技著作（种） Publication on Science and Technology (kind)
合　计 Total	**27761**	**16811**	**751**
海洋科学研究 Marine Scientific Research	**26661**	**16427**	**708**
海洋自然科学研究和试验发展 R&D in Marine Natural Science	14881	10377	225
海洋工程技术研究和试验发展 R&D in Marine Engineering Technology	7305	4300	230
海洋农业科学研究和试验发展 R&D in Marine Agricultural Science	1980	825	43
海洋生物医药研究和试验发展 R&D in Marine Biomedicine	992	816	1
海洋社会人文科学研究 Research on the Humanities of Marine Society	1503	109	209
海洋技术服务 Marine Technological Service Industry	**580**	**234**	**18**
海洋信息服务 Marine Information Service	**355**	**89**	**17**
海洋地质勘查 Marine Geological Exploration Industry	**165**	**61**	**8**

5-10 分行业海洋研究与开发机构专利（2022年）
Scientific and Technological Patents of Marine R&D Institutions by Industry (2022)

行 业 Industry	专利申请受理数（件） Number of Patent Applications Accepted (piece)	#发明专利 Inventions	专利授权数（件） Number of Patents Granted (piece)	#发明专利 Inventions
合 计 Total	**9399**	**7203**	**7259**	**5049**
海洋科学研究 Marine Scientific Research	**9075**	**6964**	**6861**	**4801**
海洋自然科学研究和试验发展 R&D in Marine Natural Science	2346	1980	2160	1590
海洋工程技术研究和试验发展 R&D in Marine Engineering Technology	5450	4037	3505	2446
海洋农业科学研究和试验发展 R&D in Marine Agricultural Science	867	583	962	553
海洋生物医药研究和试验发展 R&D in Marine Biomedicine	316	315	189	188
海洋社会人文科学研究 Research on the Humanities of Marine Society	96	49	45	24
海洋技术服务 Marine Technological Service Industry	**227**	**162**	**214**	**114**
海洋信息服务 Marine Information Service	**84**	**74**	**88**	**74**
海洋地质勘查 Marine Geological Exploration Industry	**13**	**3**	**96**	**60**

5-10 续表 continued

行　业 Industry	有效发明专利（件） Patent in Force (piece)	专利所有权转让及许可数（件） Number of Transfer and Licensing of Patent Ownership (piece)	专利所有权转让及许可收入（万元） Revenue from Transfer and Licensing of Patent Ownership (10000 yuan)
合　计 Total	**27832**	**416**	**27205**
海洋科学研究 Marine Scientific Research	**27128**	**411**	**27197**
海洋自然科学研究和试验发展 R&D in Marine Natural Science	8895	84	2601
海洋工程技术研究和试验发展 R&D in Marine Engineering Technology	13901	223	8271
海洋农业科学研究和试验发展 R&D in Marine Agricultural Science	3248	78	968
海洋生物医药研究和试验发展 R&D in Marine Biomedicine	970	24	15262
海洋社会人文科学研究 Research on the Humanities of Marine Society	114	2	95
海洋技术服务业 Marine Technological Service Industry	**390**	**5**	**8**
海洋信息服务业 Marine Information Service	**252**	**0**	**0**
海洋地质勘查业 Marine Geological Exploration Industry	**62**	**0**	**0**

5-11 分行业海洋研究与开发机构形成标准和软件著作权（2022年）
Standards and Software Copyrights of Marine R&D Institutions by Industry (2022)

行　业 Industry	形成国家和行业标准数 （项） Number of National and Industrial Standards (item)	软件著作权数 （件） Number of Software Copyrights (piece)
合　计 Total	**219**	**1943**
海洋科学研究 **Marine Scientific Research**	**194**	**1749**
海洋自然科学研究和试验发展 R&D in Marine Natural Science	53	742
海洋工程技术研究和试验发展 R&D in Marine Engineering Technology	81	776
海洋农业科学研究和试验发展 R&D in Marine Agricultural Science	51	219
海洋生物医药研究和试验发展 R&D in Marine Biomedicine	2	9
海洋社会人文科学研究 Research on the Humanities of Marine Society	7	3
海洋技术服务 **Marine Technological Service Industry**	**11**	**106**
海洋信息服务 **Marine Information Service**	**12**	**73**
海洋地质勘查 **Marine Geological Exploration Industry**	**2**	**15**

5-12 分地区海洋研究与开发机构及人员（2022年）
Marine R&D Institutions and Personnel by Region (2022)

地　区 Region	机构数 （个） Number of Institutions (unit)	从业人员 （人） Employees (person)	#从事科技活动人员 Personnel Engaged in Scientifical Activities
合　计 Total	**236**	**48022**	**44093**
北　京 Beijing	16	7736	6665
天　津 Tianjin	11	2018	1909
河　北 Hebei	11	1708	1457
辽　宁 Liaoning	7	2674	2611
上　海 Shanghai	19	5638	5319
江　苏 Jiangsu	13	2645	2374
浙　江 Zhejiang	23	2845	2632
福　建 Fujian	18	1313	1135
山　东 Shandong	40	6961	6254
广　东 Guangdong	38	8043	7687
广　西 Guangxi	12	1266	1157
海　南 Hainan	24	1422	1186
其　他 Others	4	3753	3707

5-13 分地区海洋研究与开发机构R&D人员（2022年）
R&D Personnel in Marine R&D Institutions by Region (2022)

单位：人 (person)

地 区 Region	R&D人员 R&D Personnel	博士毕业 Doctor	硕士毕业 Master	本科毕业 Under-graduate	其他 Others
合 计 Total	**53432**	**22645**	**15374**	**10206**	**5207**
北 京 Beijing	9434	5004	2015	998	1417
天 津 Tianjin	1403	244	756	326	77
河 北 Hebei	823	147	321	219	136
辽 宁 Liaoning	2353	401	1205	595	152
上 海 Shanghai	6545	2160	1696	1885	804
江 苏 Jiangsu	2775	1227	851	368	329
浙 江 Zhejiang	2398	658	901	642	197
福 建 Fujian	1050	299	369	337	45
山 东 Shandong	8652	4517	2432	1120	583
广 东 Guangdong	9116	4592	2255	1575	694
广 西 Guangxi	785	191	360	214	20
海 南 Hainan	2766	1064	716	769	217
其 他 Others	5332	2141	1497	1158	536

5-14 分地区海洋研究与开发机构R&D人员全时当量（2022年）

Full-time Equivalent of R&D Personnel in Marine R&D Institutions by Region (2022)

单位：人年 (man-year)

地　区 Region	R&D人员全时当量 Full-time Equivalent of R&D Personnel	基础研究 Basic Research	应用研究 Applied Research	试验发展 Experimental Development
合　计 **Total**	**43599**	**16200**	**16258**	**11141**
北　京 Beijing	7184	2956	3798	430
天　津 Tianjin	973	57	442	474
河　北 Hebei	690	86	462	142
辽　宁 Liaoning	1868	292	1040	536
上　海 Shanghai	5379	2075	2551	753
江　苏 Jiangsu	2197	1044	524	629
浙　江 Zhejiang	1889	131	1032	726
福　建 Fujian	861	307	248	306
山　东 Shandong	6773	2406	1811	2556
广　东 Guangdong	8100	3833	2772	1495
广　西 Guangxi	636	133	331	172
海　南 Hainan	2206	773	540	893
其　他 Others	4843	2107	707	2029

5-15 分地区按活动类型分海洋研究与开发机构R&D经费内部支出（2022年）

Intramural Expenditure on R&D of Marine R&D Institutions by Activities Type by Region (2022)

单位：万元 (10000 yuan)

地 区 Region	R&D经费内部支出 Intramural Expenditure on R&D	基础研究 Basic Research	应用研究 Applied Research	试验发展 Experimental Development
合 计 **Total**	**3122965**	**1024491**	**1156908**	**941566**
北 京 Beijing	553052	221555	323684	7814
天 津 Tianjin	54820	2501	20968	31351
河 北 Hebei	28734	5892	15885	6957
辽 宁 Liaoning	179375	5316	48582	125477
上 海 Shanghai	504669	152698	291924	60047
江 苏 Jiangsu	158512	83730	27021	47761
浙 江 Zhejiang	123534	13402	76639	33493
福 建 Fujian	51203	16913	20158	14132
山 东 Shandong	420519	158471	105308	156741
广 东 Guangdong	503695	200176	150920	152599
广 西 Guangxi	30642	6003	10124	14515
海 南 Hainan	66769	34037	16270	16462
其 他 Others	447440	123797	49424	274219

5-16 分地区按支出类型分海洋研究与开发机构 R&D经费内部支出（2022年）

Intramural Expenditure on R&D of Marine R&D Institutions by Expenditure Category by Region (2022)

单位：万元 (10000 yuan)

地　区 Region	R&D经费内部支出 Intramural Expenditure on R&D			
	日常性支出 Routine Expenditure	#人员劳务费 Labor Cost	资产性支出 Assets Expenditure	#仪器与设备支出 Equipment
合　计 Total	**2514148**	**1139709**	**608817**	**316197**
北　京 Beijing	468124	214945	84928	72831
天　津 Tianjin	48599	34289	6222	2783
河　北 Hebei	24391	12748	4344	2585
辽　宁 Liaoning	170678	57798	8697	4345
上　海 Shanghai	441681	181443	62987	40307
江　苏 Jiangsu	134757	83324	23755	16990
浙　江 Zhejiang	86265	42320	37270	21104
福　建 Fujian	38644	22109	12559	4457
山　东 Shandong	272955	146929	147564	48754
广　东 Guangdong	383830	201771	119865	61662
广　西 Guangxi	25684	16437	4958	2850
海　南 Hainan	59376	26273	7393	3730
其　他 Others	359165	99324	88275	33799

5-17 分地区按经费来源分海洋研究与开发机构 R&D经费内部支出（2022年）

Intramural Expenditure on R&D of Marine R&D Institutions by Source of Funds by Region (2022)

单位：万元 (10000 yuan)

地 区 Region	R&D经费内部支出 Intramural Expenditure on R&D				
	政府资金 Government Funds	企业资金 Self-raised Funds by Enterprises	事业单位资金 Public Institution Funds	国外资金 Foreign Funds	其他资金 Other Funds
合 计 Total	**2508438**	**467376**	**96839**	**8216**	**42096**
北 京 Beijing	485422	59800	5232	2499	100
天 津 Tianjin	27164	16407	10860	0	390
河 北 Hebei	27730	1004	0	0	0
辽 宁 Liaoning	80679	98632	64	0	0
上 海 Shanghai	373033	102671	24810	3665	490
江 苏 Jiangsu	102743	29905	13350	83	12432
浙 江 Zhejiang	103124	15157	5254	0	0
福 建 Fujian	31554	13072	6576	0	0
山 东 Shandong	364187	24830	17608	224	13671
广 东 Guangdong	453602	25555	9400	731	14408
广 西 Guangxi	28290	1785	549	0	17
海 南 Hainan	63166	1296	1970	236	102
其 他 Others	367744	77264	1166	779	487

5-18 分地区海洋研究与开发机构R&D经费外部支出（2022年）

External Expenditure on R&D of Marine R&D Institutions by Region (2022)

单位：万元 (10000 yuan)

地　区 Region	R&D经费外部支出 External Expenditure on R&D	#对境内研究机构支出 on Domestic Research Institutions	#对境内高等学校支出 on Domestic Higher Education	#对境内企业支出 on Domestic Enterprises
合　计 **Total**	**58884**	**19306**	**7642**	**27867**
北　京 Beijing	17683	4356	2199	8564
天　津 Tianjin	508	100	100	100
河　北 Hebei	1	1	0	0
辽　宁 Liaoning	0	0	0	0
上　海 Shanghai	1503	835	509	159
江　苏 Jiangsu	100	0	0	100
浙　江 Zhejiang	424	183	101	119
福　建 Fujian	0	0	0	0
山　东 Shandong	27962	7978	3120	15803
广　东 Guangdong	7242	3605	1287	2139
广　西 Guangxi	66	15	45	0
海　南 Hainan	3397	2233	280	883
其　他 Others	0	0	0	0

5-19 分地区海洋研究与开发机构R&D课题（2022年）
R&D Projects of Marine R&D Institutions by Region (2022)

地　区 Region	R&D课题数（项）R&D Projects (item)	投入人员（人年）Input of Personnel (man-year)	投入经费（万元）Input of Funds (10000 yuan)
合　计 **Total**	**23051**	**34467**	**1518277**
北　京 Beijing	5349	5518	288766
天　津 Tianjin	415	800	15102
河　北 Hebei	188	499	12806
辽　宁 Liaoning	517	1274	130895
上　海 Shanghai	2323	4515	283622
江　苏 Jiangsu	1938	1891	37201
浙　江 Zhejiang	954	1783	50168
福　建 Fujian	698	763	23307
山　东 Shandong	3364	4669	170070
广　东 Guangdong	3454	6446	190702
广　西 Guangxi	313	451	9469
海　南 Hainan	813	1850	34616
其　他 Others	2725	4008	271551

5-20 分地区海洋研究与开发机构科技论著（2022年）
Scientific and Technological Papers and Works of Marine R&D Institutions by Region (2022)

地　区 Region	发表科技论文 （篇） Scientific Papers Issued (piece)	#国内发表 Published in China	出版科技著作 （种） Publication on Science and Technology (kind)
合　计 **Total**	**27761**	**10950**	**751**
北　京 Beijing	7698	2890	242
天　津 Tianjin	588	454	23
河　北 Hebei	616	527	61
辽　宁 Liaoning	580	206	11
上　海 Shanghai	2696	1636	144
江　苏 Jiangsu	1958	876	27
浙　江 Zhejiang	771	314	27
福　建 Fujian	530	189	9
山　东 Shandong	3712	1093	91
广　东 Guangdong	4792	1628	61
广　西 Guangxi	610	399	21
海　南 Hainan	345	159	22
其　他 Others	2865	579	12

5-21 分地区海洋研究与开发机构专利（2022年）
Scientific and Technological Patents of Marine R&D Institutions by Region (2022)

地　区 Region	专利申请受理数（件） Number of Patent Applications Accepted (piece)	#发明专利 Inventions	专利授权数（件） Number of Patents Granted (piece)	#发明专利 Inventions	有效发明专利（件） Patent in Force (piece)	专利所有权转让及许可数（件） Number of Transfer and Licensing of Patent Ownership (piece)	专利所有权转让及许可收入（万元） Revenue from Transfer and Licensing of Patent Ownership (10000 yuan)
合　计 Total	**9399**	**7203**	**7259**	**5049**	**27832**	**416**	**27205**
北　京 Beijing	1132	954	1244	897	5308	32	1003
天　津 Tianjin	317	143	318	140	498	7	172
河　北 Hebei	79	40	77	23	110	1	3
辽　宁 Liaoning	583	480	333	199	1605	10	559
上　海 Shanghai	748	669	569	443	3030	67	16872
江　苏 Jiangsu	581	441	386	202	1009	15	200
浙　江 Zhejiang	532	386	406	262	1507	61	321
福　建 Fujian	148	110	161	94	531	2	102
山　东 Shandong	1294	995	1332	911	3853	41	521
广　东 Guangdong	2667	1815	1442	1115	6571	162	7220
广　西 Guangxi	146	99	129	65	364	3	41
海　南 Hainan	226	193	156	87	249	7	42
其　他 Others	946	878	706	611	3197	8	150

5-22 分地区海洋研究与开发机构形成标准和软件著作权（2022年）
Standards and Software Copyrights of Marine R&D Institutions by Region (2022)

地 区 Region	形成国家和行业标准数 （项） Number of National and Industrial Standards (item)	软件著作权数 （件） Number of Software Copyrights (piece)
合 计 **Total**	**219**	**1943**
北 京 Beijing	67	720
天 津 Tianjin	43	76
河 北 Hebei	5	38
辽 宁 Liaoning	10	74
上 海 Shanghai	7	88
江 苏 Jiangsu	9	142
浙 江 Zhejiang	14	126
福 建 Fujian	6	17
山 东 Shandong	29	355
广 东 Guangdong	27	158
广 西 Guangxi	1	33
海 南 Hainan	1	60
其 他 Others	0	56

主要统计指标解释

1. 海洋研究与开发机构 指主要业务活动中包含海洋科学研究、海洋技术服务、海洋信息服务等活动，设有海洋研究部门，或连续三年以上开展海洋科技课题的研究与开发机构。

2. 研究与试验发展(R&D) 指为增加知识存量（也包括有关人类、文化和社会的知识）以及设计已有知识的新应用而进行的创造性、系统性工作，包括基础研究、应用研究和试验发展三种类型。国际上通常采用 R&D 活动的规模和强度指标反映一国的科技实力和核心竞争力。

3. 基础研究 指一种不预设任何特定应用或使用目的的实验性或理论性工作，其主要目的是为获得（已发生）现象和可观察事实的基本原理、规律和新知识。其成果通常表现为提出一般原理、理论或规律，并以论文、著作、研究报告等形式为主。

4. 应用研究 指为获取新知识，达到某一特定的实际目的或目标而开展的初始性研究。应用研究是为了确定基础研究成果的可能用途，或确定实现特定和预定目标的新方法。其研究成果以论文、著作、研究报告、原理性模型或发明专利等形式为主。

5. 试验发展 指利用从科学研究、实际经验中获取的知识和研究过程中产生的其他知识，开发新的产品、工艺或改进现有产品、工艺而进行的系统性研究。其研究成果以专利、专有技术，以及具有新颖性的产品原型、原始样机及装置等形式为主。

6. 从业人员 指由本机构年末直接组织安排工作并支付工资的各类人员总数。包括固定职工、国家有编制的合同制职工、招聘人员和返聘的离退休人员。不包括离退休人员、停薪留职人员。

7. 从事科技活动人员 指从业人员中的科技管理人员、课题活动人员和科技服务人员。

8. R&D 人员 指报告期 R&D 活动单位中从事基础研究、应用研究和试验发展活动的人员。包括直接参加上述三类 R&D 活动的人员，以及与上述三类 R&D 活动相关的管理人员和直接服务人员，即直接为 R&D 活动提供资料文献、材料供应、设备维护等服务的人员。不包括为 R&D 活动提供间接服务的人员，如餐饮服务、安保人员等。

9. R&D 人员全时当量 指报告期 R&D 人员按实际从事 R&D 活动时间计算的工作量，以“人年”为计量单位。为国际上比较科技人力投入而制定的可比指标。

10. R&D 经费内部支出 指报告期调查单位内部为实施 R&D 活动而实际发生的全部经费，按支出性质分为日常性支出和资产性支出。不包括调查单位委托其他单位或与其他单位合作开展 R&D 活动而转拨给其他单位的全部经费。

11. R&D 经费内部支出中政府资金 指 R&D 经费支出中来自各级政府财政的各类资金，包括财政科学技术支出和财政其他功能支出的资金用于 R&D 活动的实际支出。

12. R&D 经费内部支出中企业资金 指 R&D 经费支出中来自企业的各类资金。对企业而言，企业资金指企业自有资金、接受其他企业委托开展 R&D 活动而获得的资金，以及从金融机构贷款获得的开展 R&D 活动的资金；对科研院所、高校等事业单位而言，企业资金是指因接受从企业委托开展 R&D 活动而获得的各类资金。

13. R&D 课题 R&D 课题是进行 R&D 活动的基本组织形式，通常由 R&D 活动执行单位依据项目立项书或合同书等形式明确项目任务、目标、人员和经费等。

14. R&D 课题投入人员 指实际参加研发项目（课题）活动人员折合的全时当量。

15. R&D 课题投入经费 指调查单位内部在报告年度进行研发项目（课题）研究和试制等的实际支出。包括劳务费、其他日常支出、固定资产购建费、外协加工费等，不包括委托或与外单位合作进行项目（课题）研究而拨付给对方使用的经费。

16. 科技论文 指报告年度在学术期刊上发表的最初的科学研究成果。应具备以下三个条件：（1）首次发表的研究成果；（2）作者的结论和试验能被同行重复并验证；（3）发表后科技界能引用。统计范围为在全国性学报或学术刊物上、省部属大专院校对外正式发行的学报或学术刊物上发表的论文，以及向国外发表的论文。只统计第一作者编制在本单位或者第一署名单位为本单位的论文。

17. 科技著作 指经过正式出版部门编印出版的科技专著、大专院校教科书、科普著作。只统计本单位科技人员为第一作者的著作。同一书名计为一种著作，与书的发行量无关。

18. 专利 是专利权的简称，是对发明人的发明创造经审查合格后，由专利局依据专利法授予发明人和设计人对该项发明创造享有的专有权。包括发明、实用新型和外观设计。反映拥有自主知识产权的科技和设计成果情况。

19. 发明（专利） 指对产品、方法或者其改进所提出的新的技术方案。是国际通行的反映拥有自主知识产权技术的核心指标。

20. 专利申请受理数 当年本单位向专利管理部门提出申请并被受理的职务专利申请件数。

21. 专利授权数 当年由专利管理部门授予本单位专利权的职务专利件数。

Explanatory Notes on Main Statistical Indicators

1. Marine R&D Institutions refer to the R&D institutions whose main business activities include marine scientific research, marine technology services, marine information services and other activities, which have established marine research departments, or carry out marine scientific and technological research for more than three consecutive years.

2. Research and Experimental Development (R&D) refers to creative and systematic work undertaken in order to increase the stock of knowledge (including knowledge of humankind, culture and society) and to devise new applications of available knowledge. R&D includes 3 categories of activities: basic research, applied research and experimental development. The scale and intensity of R&D are widely used internationally to reflect the strength of S&T and the core competitiveness of a country in the world.

3. Basic Research refers to experimental or theoretical work undertaken primarily to acquire new knowledge of the underlying foundations of phenomena and observable facts, without any particular application or use in view. Basic research usually formulates hypotheses, theories or laws, and its results are mainly released or disseminated in the form of scientific papers or monographs or research reports.

4. Applied Research refers to original investigation undertaken in order to acquire new knowledge. It is directed primarily towards a specific, practical aim or objective. Purpose of the applied research is to identify the possible uses of results from basic research, or to explore new (fundamental) methods or new approaches. Results of applied research are expressed in the form of scientific papers, monographs, fundamental models or invention patents.

5. Experimental Development refers to systematic work, drawing on knowledge gained from research and practical experience and producing additional knowledge, which is directed to producing new products or processes or to improving existing products or processes. Results of experimental development activities are embodied in patents, exclusive technology, and monotype of new products or equipment.

6. Employees refer to the total number of personnel of various kinds employed and paid by the institution at the end of the year, including fixed employees, contract workers of staff belonging to the state authorized staff , recruited personnel, reemployed retired personnel, but not including the retired and the personnel on leave with pay suspension.

7. Personnel Engaged in Scientific and Technological Activities refer to the personnel for scientific and technological management, personnel engaged in the activities of research topics and scientific and technological service personnel.

8. R&D Personnel refer to persons of R&D activities units engaged in basic research, applied research, and experimental development at the reference period, including persons of directly participating in the three activities above, as well as managment and direct service staff related to R&D activities, such as literature provision, material supply,equipment maintenance staff, it excludes persons providing indirect support and ancillary services, such as canteen and security staff.

9. Full-time Equivalent of R&D Personnel refers to the ratio of working hours actually spent on R&D during a specific reference period (usually a calendar year) divided by the total number of hours conventionally worked in the same period by an individual or by a group. The measurement unit of the ratio is "man-years". This is an internationally comparable indicator of S&T manpower input.

10. Intramural Expenditure on R&D refers to the real expenditure of surveyed units on their own R&D activities in reporting period. It is divided into current expenditures and gross fixed capital expenditures for R&D according to the nature of expenditure. It doesn't include the fees transferred to cooperated or entrusted agencies on R&D activities.

11. Intramural Expenditure on R&D from Government Funds refers to the expenditure of funds on R&D activities from government agencies at different levels, including appropriate funds on science and technology from financial departments, and the real expenditure of other fiscal functional funds on R&D activities from government agencies.

12. Intramural Expenditure on R&D from Enterprises Funds refers to the expenditure of all kinds of funds on R&D activities from enterprises. In terms of enterprises, it refers to the expenditure of self-raised funds of enterprises, funds from other enterprises through entrustment, loans from financial institutions on R&D activities. In terms of public institutions, such as institution of scientific research and universities, it refers to the expenditure of funds from enterprises through entrustment.

13. Number of R&D Projects R&D Projects are the basic forms of R&D activities, the project task, target, personnel and expenditure are usually defined by R&D activity execution unit according to project approval specification or contract document.

14. Input of Personnel on R&D Projects refers to the full-time equivalent of persons actually engaged in R&D projects.

15. Input of Funds on R&D Projects refers to the real expenditure of internal funds of the surveyed units on research and test of R&D projects at the reference year, including service fee, other daily expenditure, cost for fixed assets, cost of external process, it excludes expenditure of funds transferred to other cooperated or entrusted units of the projects.

16. Scientific Papers refer to the original scientific research results published in the academic journals in the year reported. They should meet the following three conditions: (1) The research results are published for the first time; (2) The author's conclusions and experiments can be repeated and verified by peers; (3) They can be quoted by the scientific and technological circles after publication. The scope of statistics covers the papers published in the national journals or academic journals, or those officially published by the province- or ministry- managed colleges and universities, as well as paper published abroad. Only the papers whose first authors belong to the authorized staff of the unit or the first signature unit is this unit can be counted.

17. Scientific and Technological Works refer to the scientific and technological monographs, university and college textbooks and popular science works compiled and published by the official publishing departments. Only works whose first authors are the scientific and technological personnel of the unit are counted. The works with the same title are counted as one work and have nothing to do with the circulation of the book.

18. Patent is an abbreviation for the patent right and refers to the exclusive right of ownership by the inventors or designers for the creation or inventions, given from the patent offices after due process of assessment and approval in accordance with the Patent Law. Patents are granted for inventions, utility models and designs. This indicator reflects the achievements of S&T and design with independent intellectual property.

19. Patented Inventions refer to new technical proposals to the products or methods or their modifications. This is universal core indicator reflecting the technologies with independent intellectual property.

20. Number of Patent Applications Accepted refers to the number of professional patent applications of the unit to the patent administrative department and accepted by it in the year.

21. Number of Patents Granted refers to the number of the professional patents granted to the unit by the patent administrative department in the year.

6

海 洋 教 育

Marine Education

6-1 全国各海洋专业博士研究生情况（2022年）
Doctoral Students from Marine Specialities (2022)

专　业 Speciality	专业点数（个） Number of Speciality Agencies (unit)	学生数（人） Number of Students (person)			
		毕业生 Graduates	招　生 Entrants	在校生 Enrollment	预计毕业生数 Estimated Number of Graduates Next Year
合　计 Total	**199**	**1445**	**2295**	**9741**	**3730**
物理海洋学 Physical Oceanography	9	101	120	433	149
海洋化学 Marine Chemistry	7	35	65	290	110
海洋生物学 Marine Biology	8	123	120	497	179
海洋地质 Marine Geology	8	55	51	211	94
海洋科学学科 Marine Science Subjects	16	123	223	874	273
水生生物学 Hydrobiology	17	102	85	356	146
水文学及水资源 Hydrology and Water Resource	15	134	184	882	402
港口海岸及近海工程 Coastal Harbour and Offshore Engineering	8	52	81	393	167
油气井工程 Oil-Gas Well Engineering	5	88	21	246	178
油气田开发工程 Oil-Gas Field Development Engineering	7	131	52	484	348
油气储运工程 Oil-Gas Storage and Transportation Engineering	4	44	11	147	92

6-1 续表 continued

专 业 Speciality	专业点数（个） Number of Speciality Agencies (unit)	学生数（人） Number of Students (person)			
		毕业生 Graduates	招 生 Entrants	在校生 Enrollment	预计毕业生数 Estimated Number of Graduates Next Year
石油与天然气工程学科 Oil and Natural Gas Engineering Subjects	11	67	340	1137	313
船舶与海洋结构物设计制造 Ships and Marine Structures Design and Manufacture	12	45	111	546	149
轮机工程 Turbine Engineering	8	36	62	379	163
水声工程 Hydroacoustic Engineering	7	16	47	322	99
船舶与海洋工程学科 Ship and Ocean Engineering Subjects	13	71	288	1075	349
水产品加工及贮藏工程 Aquatic Products Processing and Storing Engineering	4	4	1	10	6
船舶工程 Ship Engineering	1	0	7	7	0
石油与天然气工程 Oil and natural Gas Engineering	2	0	91	91	0
燃气轮机工程 Gas Turbine Engineering	1	0	1	1	0
水土保持与荒漠化防治 Water and Soil Conservancy and Desertification Control	12	52	102	432	170
水产养殖 Aquaculture	7	92	119	419	156
捕捞学 Science of Fishing	2	8	5	33	19
渔业资源 Fishery Resource	6	31	18	132	63
水产学科 Fishery Subjects	9	35	90	344	105

6-2 全国各海洋专业硕士研究生情况（2022年）
Postgraduate Students from Marine Specialities (2022)

专 业 Speciality	专业点数（个） Number of Speciality Agencies (unit)	学生数（人） Number of Students (person)			
		毕业生 Graduates	招 生 Entrants	在校生 Enrollment	预计毕业生数 Estimated Number of Graduates Next Year
合 计 Total	**416**	**6895**	**9588**	**25138**	**7897**
物理海洋学 Physical Oceanography	13	148	217	611	206
海洋化学 Marine Chemistry	13	98	133	424	149
海洋生物学 Marine Biology	18	214	282	839	295
海洋地质 Marine Geology	13	120	118	370	126
海洋科学学科 Marine Science Subjects	27	629	1027	2844	881
水生生物学 Hydrobiology	26	145	158	494	154
水文学及水资源 Hydrology and Water Resource	30	308	360	1094	380
港口海岸及近海工程 Coastal Harbour and Offshore Engineering	13	208	228	710	241
油气井工程 Oil-Gas Well Engineering	10	197	88	360	221
油气田开发工程 Oil-Gas Field Development Engineering	11	456	194	840	496
油气储运工程 Oil-Gas Storage and Transportation Engineering	9	241	156	516	245
石油与天然气工程学科 Oil and Natural Gas Engineering Subjects	17	128	907	1970	169

6-2 续表 continued

专 业 Speciality	专业点数（个） Number of Speciality Agencies (unit)	学生数（人） Number of Students (person)			
		毕业生 Graduates	招 生 Entrants	在校生 Enrollment	预计毕业生数 Estimated Number of Graduates Next Year
船舶与海洋结构物设计制造 Ships and Marine Structures Design and Manufacture	18	233	226	721	237
轮机工程 Turbine Engineering	12	229	148	594	232
水声工程 Hydroacoustic Engineering	8	109	86	310	118
船舶与海洋工程学科 Ship and Ocean Engineering Subjects	25	276	702	1553	416
水产品加工及贮藏工程 Aquatic Products Processing and Storing Engineering	10	19	19	47	11
船舶工程 Ship Engineering	12	315	136	177	40
石油与天然气工程 Oil and Natural Gas Engineering	14	637	846	1424	324
燃气轮机工程 Gas Turbine Engineering					
海洋工程 Marine Engineering	4	59	38	41	3
水路交通运输 Waterway Communications and Transportation	1	0	182	182	0
水土保持与荒漠化防治 Water and Soil Conservancy and Desertification Control	24	334	383	1141	409
水产养殖 Aquaculture	15	397	516	1358	443
捕捞学 Science of Fishing	1	16	17	49	16
渔业资源 Fishery Resource	7	43	56	176	65
水产学科 Fishery Subjects	26	507	767	2400	800
渔业发展 Fishery Development	39	829	1598	3893	1220

6-3 全国普通高等教育各海洋专业本科学生情况（2022年）
Undergraduates from Marine Specialities in the National Ordinary Higher Education (2022)

专　业 Speciality	专业点数（个） Number of Speciality Agencies (unit)	学生数（人） Number of Students (person)			
		毕业生 Graduates	招　生 Entrants	在校生 Enrollment	预计毕业生数 Estimated Number of Graduates Next Year
合　计 **Total**	**655**	**36459**	**40997**	**162288**	**39659**
海洋科学 Marine Science	34	1815	1761	8011	2133
海洋技术(注：可授理学或工学学士学位) Marine Technology (Note: It may confer bachelor's degrees in science and engineering.)	27	1142	956	4588	1180
海洋资源与环境 Marine Living Resources and Environment	21	662	644	2594	609
海洋科学类专业 New Specialties Under the Category of Marine Sciences	10	0	1439	1793	0
新能源科学与工程 New Energy Science and Engineering	136	6101	6954	27964	6714
水声工程 Hydroacoustic Engineering	3	177	408	1199	280
海洋信息工程 Marine Information Engineering	4	0	81	229	18
土木、水利与海洋工程 Civil, Water Conservancy and Marine Engineering	4	7	249	1012	10
水文与水资源工程 Hydrology and Water Resources Engineering	55	2727	1756	9985	2846

6-3 续表1 continued

专　业 Speciality	专业点数（个） Number of Speciality Agencies (unit)	学生数（人）Number of Students (person)			
		毕业生 Graduates	招　生 Entrants	在校生 Enrollment	预计毕业生数 Estimated Number of Graduates Next Year
港口航道与海岸工程 Harbour Channel and Coastal Engineering	33	2112	1825	7509	2085
水务工程 Water Works	10	369	446	1707	348
石油工程 Petroleum Engineering	23	2461	2929	11922	2858
油气储运工程 Oil and Gas Storage Engineering	36	2817	2742	11633	2914
海洋油气工程 Offshore Oil and Gas Engineering	12	432	650	2139	479
航海技术 Navigation Technology	17	2344	2804	10661	2636
轮机工程 Turbine Engineering	21	3020	3048	12340	3393
船舶电子电气工程 Marine Electronic and Electrical Engineering	11	945	961	4085	1073
邮轮工程与管理 Cruise Engineering and Management	1	39	38	144	34
船舶与海洋工程 Ship and Marine Engineering	36	2474	2236	10588	2762
海洋工程与技术 Ocean Engineering and Technology	8	286	225	1304	320

6-3 续表2 continued

专 业 Speciality	专业点数（个） Number of Speciality Agencies (unit)	学生数（人） Number of Students (person)			
		毕业生 Graduates	招 生 Entrants	在校生 Enrollment	预计毕业生数 Estimated Number of Graduates Next Year
海洋资源开发技术 Marine Resources Exploitation Technology	14	389	350	1697	547
海洋机器人 Underwater Robot	2	0	40	220	60
海洋工程类专业 New Specialities of Marine Engineering	7	114	1380	2224	109
水质科学与技术 Water Quality Science and Technology	7	213	308	1095	216
水土保持与荒漠化防治 Water and Soil Conservancy and Desertification Control	22	959	1010	3976	1038
湿地保护与恢复 Wetland Protection and Restoration	1	0	48	48	0
水产养殖学 Aquaculture	54	3319	3106	13766	3404
海洋渔业科学与技术 Science and Technology of Marine Fishery	10	417	496	1832	481
水族科学与技术 Science and Technology of Aquatic Animals	13	388	345	1561	433
水生动物医学 Aquatic Animal Medicine	8	228	378	1329	231
水产类专业 New Specialities of Aquiculture	5	0	930	1234	0
海洋药学 Marine Pharmacy	5	194	214	762	137
海事管理 Maritime Affairs Management	5	308	240	1137	311

6-4 全国高等职业教育各海洋专业本科学生情况（2022年）
Undergraduates from Marine Specialities in the Higher Vocational Education (2022)

专　业 Speciality	专业点数（个） Number of Speciality Agencies (unit)	学生数（人） Number of Students (person)			
		毕业生 Graduates	招　生 Entrants	在校生 Enrollment	预计毕业生数 Estimated Number of Graduates Next Year
合　计 Total	**6**	**25**	**646**	**1684**	**298**
油气储运工程 Oil-Gas Storage and Transportation Engineering	2	0	181	508	135
石油工程技术 Petroleum Engineering Technology	1	0	136	205	0
新能源发电工程技术 New Energy Power Generation Engineering Technology	1	0	68	68	0
航海技术 Navigation Technology	1	11	160	475	87
水路运输与海事管理 Water Transportation and Maritime Management	1	14	90	349	76

6-5 全国高等职业教育各海洋专业专科学生情况（2022年）
Students from Marine Specialities of the Colleges for Professional Training in the Higher Vocational Education (2022)

专　业 Speciality	专业点数（个） Number of Speciality Agencies (unit)	学生数（人） Number of Students (person)			
		毕业生 Graduates	招　生 Entrants	在校生 Enrollment	预计毕业生数 Estimated Number of Graduates Next Year
合　计 **Total**	**792**	**41825**	**54893**	**145533**	**46113**
水产养殖技术 Aquaculture Technology	33	1149	2086	4830	1427
水族科学与技术 Aquarium Science and Technology	2	73	119	302	93
水生动物医学 Aquatic Animal Medicine	5	29	247	379	4
水文与工程地质 Hydrology and Engineering Geology	11	529	826	2163	665
油气储运技术 Oil and Gas Storage and Transportation Technology	24	946	1520	3640	1058
油气地质勘探技术 Oil and Gas Geological Exploration Technology	5	232	228	787	341
钻井技术 Drilling Technology	2	310	253	717	225
油气智能开采技术 Oil and Gas Intelligent Exploitation Technology	11	217	489	1404	539
油田化学应用技术 Oilfield Chemical Technology	5	260	215	734	295
石油工程技术 Petroleum Engineering Technology	17	863	1447	4361	1473

6-5 续表1 continued

专　业 Speciality	专业点数（个） Number of Speciality Agencies (unit)	学生数（人） Number of Students (person) 毕业生 Graduates	招　生 Entrants	在校生 Enrollment	预计毕业生数 Estimated Number of Graduates Next Year
风力发电工程技术 Wind Power Engineering Technology	34	1083	2117	4969	1326
水文与水资源技术 Hydrology and Water Resources Technology	12	468	715	1986	597
水政水资源管理 Water Administration and Water Resources Management	4	151	74	373	129
水文水资源类专业 New Specialities of Hydrology and Water Resources	1	24	0	27	27
智能水务管理 Water Affairs Intelligent Management	9	535	492	1873	830
水土保持技术 Soil and Water Conservation Technology	8	182	292	899	260
水环境智能监测与治理 Water Environmental Intelligent Monitoring and Governance	13	471	641	1468	454
水生态修复技术 Water Ecological Restoration Technology	9	0	402	679	0
水土保持与水环境类 New Specialities of Water and Soil Conservancy and Water Environment	1	25	0	23	23

6-5 续表2 continued

专　业 Speciality	专业点数（个） Number of Speciality Agencies (unit)	学生数（人） Number of Students (person)			
		毕业生 Graduates	招　生 Entrants	在校生 Enrollment	预计毕业生数 Estimated Number of Graduates Next Year
新能源装备技术 New Energy Equipment Technology	39	864	2486	4891	1078
船舶工程技术 Ship Engineering Technology	28	2418	3270	8402	2772
船舶动力工程技术 Ship Power Engineering Technology	12	876	1001	2868	1076
船舶电气工程技术 Ship Electrical Engineering Technology	12	765	907	2571	887
船舶智能焊接技术 Ship Intelligent Welding Technology	1	0	30	30	0
船舶舾装工程技术 Ship Equipment and Installations Engineering Technology	3	112	108	317	126
船舶涂装工程技术 Engineering Technology of Ship Painting	1	37	25	61	28
船舶通信装备技术 Ship Communication Equipment Technology	3	170	113	355	114
游艇设计与制造 Yacht Design and Manufacturing	8	325	331	820	285
邮轮内装技术 Cruise Ship Interior Decoration Technology	2	0	75	75	0
海洋工程装备技术 Marine Engineering Equipment Technology	7	141	322	719	211

6-5 续表3 continued

专　业 Speciality	专业点数（个） Number of Speciality Agencies (unit)	学生数（人） Number of Students (person)			
		毕业生 Graduates	招　生 Entrants	在校生 Enrollment	预计毕业生数 Estimated Number of Graduates Next Year
海洋化工技术 Marine Chemical Technology	6	139	198	530	192
航海技术 Nautical Technology	46	6095	9102	23853	6768
港口与航道工程技术 Port and Waterway Engineering Technology	9	308	539	1151	286
轮机工程技术 Turbine Engineering Technology	49	4096	6740	17131	4886
国际邮轮乘务管理 International Cruise Crew Management	116	5220	4761	13097	4318
水路运输安全管理 Waterway Transportation Safety Management	16	717	536	1795	827
港口机械与智能控制 Port Machinery and Intelligent Control	19	936	1149	3217	1129
港口与航运管理 Harbour and Shipping Management	38	2492	2391	7031	2416
船舶电子电气技术 Electronic and Electrical Technology of Ships	20	1080	1734	4785	1397
船舶检验 Ship Inspection	7	221	251	861	324
集装箱运输管理 Container Transportation Management	14	414	385	1279	493
水上运输类专业 New Specialities of Water Transportation	2	14	9	18	9
关务与外贸服务 Customs and Foreign Trade Services	112	5700	5525	15462	5679
港口物流管理 Port Logistics Management	16	1138	742	2600	1046

6-6 全国成人高等教育各海洋专业本科学生情况（2022年）
Undergraduates from Marine Specialities in the National Adult Higher Education (2022)

专 业 Speciality	专业点数（个） Number of Speciality Agencies (unit)	学生数（人） Number of Students (person)			
		毕业生 Graduates	招 生 Entrants	在校生 Enrollment	预计毕业生数 Estimated Number of Graduates Next Year
合 计 **Total**	**124**	**3569**	**5777**	**11174**	**4274**
海洋科学 Marine Science	1	0	0	1	1
海洋技术 （注：可授理学或工学学士学位） Marine Technology (Note: It may confer bachelor's degrees in science and engineering.)	1	0	0	1	1
海洋资源与环境 Marine Living Resources and Environment	1	1	0	0	0
新能源科学与工程 New Energy Science and Engineering	11	57	179	318	127
水文与水资源工程 Hydrology and Water Resource Engineering	14	525	773	1226	424
港口航道与海岸工程 Harbour Channel and Coastal Engineering	5	87	39	144	74
水务工程 Water Works	2	0	53	74	13
石油工程 Petroleum Engineering	11	1024	1816	3151	1084

6-6 续表 continued

专　业 Speciality	专业点数（个） Number of Speciality Agencies (unit)	学生数（人） Number of Students (person)			
		毕业生 Graduates	招　生 Entrants	在校生 Enrollment	预计毕业生数 Estimated Number of Graduates Next Year
油气储运工程 Oil-Gas Storage and Transportation Engineering	14	328	761	1272	468
海洋油气工程 Offshore Oil and Gas Engineering	2	1	1	1	
航海技术 Navigation Technology	10	303	515	1 288	434
轮机工程 Turbine Engineering	9	261	317	786	298
船舶与海洋工程 Ship and Marine Engineering	13	623	777	1 726	862
海洋资源开发技术 Marine Resources Exploitation Technology	1	1	0	1	1
水土保持与荒漠化防治 Water and Soil Conservancy and Desertification Control	7	114	185	426	165
水产养殖学 Aquaculture	21	241	361	758	321
海事管理 Maritime Management	1	3		1	1

6-7 全国成人高等教育各海洋专业专科学生情况（2022年）
Students from Marine Specialities of the Colleges for Professional Training in the National Adult Higher Education (2022)

专　业 Speciality	专业点数（个） Number of Speciality Agencies (unit)	学生数（人） Number of Students (person)			
		毕业生 Graduates	招　生 Entrants	在校生 Enrollment	预计毕业生数 Estimated Number of Graduates Next Year
合　计 Total	**109**	**1738**	**1695**	**3946**	**1976**
水产养殖技术 Aquaculture Technology	8	353	211	768	341
水文与工程地质 Hydrology and Engineering Geology	4	12	19	37	18
油气储运技术 Oil and Gas Storage and Transportation Technology	7	102	44	119	75
油气地质勘探技术 Oil and Gas Geological Exploration Technology	1	48	0	0	0
钻井技术 Drilling Technology	4	28	103	251	148
油气智能开采技术 Oil and Gas Intelligent Exploitation Technology	5	127	144	311	167
油田化学应用技术 Oilfield Chemical Application Technology	1	3	0	0	0
石油工程技术 Petroleum Engineering Technology	8	239	444	866	422
石油与天然气类专业 New Specialities of Oil and Natural Gas	1	3	7	7	0
风力发电工程技术 Wind Power Engineering Technology	1	0	1	1	0
水政水资源管理 Water Administration and Water Resources Management	1	0	0	1	1

6-7 续表 continued

专业 Speciality	专业点数（个） Number of Speciality Agencies (unit)	学生数（人） Number of Students (person)			
		毕业生 Graduates	招生 Entrants	在校生 Enrollment	预计毕业生数 Estimated Number of Graduates Next Year
水土保持技术 Soil and Water Conservation Technology	2	4	10	27	4
新能源装备技术 New Energy Equipment Technology	1	0	0	2	2
船舶工程技术 Ship Engineering Technology	13	215	271	555	283
船舶动力工程技术 Ship Power Engineering Technology	1	1	0	0	0
船舶电气工程技术 Ship Electrical Engineering Technology	1	2	0	1	1
游艇设计与制造 Yacht Design and Manufacturing	1	1	0	0	0
航海技术 Navigation Technology	14	318	152	475	297
轮机工程技术 Turbine Engineering Technology	13	113	221	376	137
国际邮轮乘务管理 International Cruise Crew Management	6	18	6	20	14
水路运输安全管理 Waterway Transportation Safety Management	2	1	17	20	3
港口与航运管理 Harbour and Shipping Management	5	31	8	8	0
水上运输类专业 New Specialities of Water Transportation	1	0	5	5	0
关务与外贸服务 Custom and Foreign Trade Services	5	11	31	52	20
港口物流管理 Port Logistics Management	3	108	1	44	43

6-8 全国中等职业教育各海洋专业学生情况（2022年）
Students from Marine Specialities in the National Secondary Vocational Education (2022)

专业 Speciality	专业点数（个） Number of Speciality Agencies (unit)	学生数（人） Number of Students (person)			
		毕业生 Graduates	招生 Entrants	在校生 Enrollment	预计毕业生数 Estimated Number of Graduates Next Year
合计 Total	**243**	**9610**	**14979**	**36970**	**14539**
海水养殖 Mariculture	6	217	244	873	317
航海捕捞 Sea Fishing	2	103	17	113	58
渔业类专业 New Specialities of Fishery	3	318	23	611	419
水文地质与工程地质勘查 Hydrogeological and Engineering Geological Exploration	1	91	80	307	132
油气储运 Oil-Gas Storage and Transportation	3	171	167	321	58
石油地质录井与测井 Petroleum Geological Logging and Well Logging	2	84	55	159	59
石油钻井 Oil Drilling	3	124	77	367	150
油气开采 Oil and Gas Exploitation	3	24	181	229	0
石油与天然气类专业 New Specialities of Oil and Natural Gas	4	303	3	1049	576

注：此表不包含技工学校相关数据。

Note: Data related to technical schools are not included in the table.

6-8 续表1 continued

专　业 Speciality	专业点数（个） Number of Speciality Agencies (unit)	学生数（人） Number of Students (person)			
		毕业生 Graduates	招　生 Entrants	在校生 Enrollment	预计毕业生数 Estimated Number of Graduates Next Year
风力发电设备运行与维护 Operation and Maintenance of Power Generation Equipment in the Wind Power Station	23	577	1081	2706	676
水文与水资源勘测 Hydrological and Water Resources Survey	2	0	43	286	91
水土保持技术 Soil and Water Conservation Technology	1	1	38	38	0
新能源装备运行与维护 New Energy Equipment Operations and Maintenance	16	117	873	1332	283
船体修造技术 Ship Hull Repair Technology	14	1035	701	2802	837
船舶机械装置安装与维修 Installation and Maintenance of Ships' Mechanical Equipment	4	527	218	943	491
船舶电气装置安装与调试 Installation and Commissioning of Marine Electrical Equipment	7	241	298	795	201
船舶内装 Ship Interior Decoration	1	0	39	39	0
船舶与海洋工程装备类专业 New Specialities of Ship and Marine Engineering Equipment	2	39	96	143	27
船舶驾驶 Ship Piloting	36	2021	2825	7801	2638

6-8 续表2 continued

专　业 Speciality	专业点数（个） Number of Speciality Agencies (unit)	学生数（人） Number of Students (person)			
		毕业生 Graduates	招　生 Entrants	在校生 Enrollment	预计毕业生数 Estimated Number of Graduates Next Year
船舶机工与水手 Ship Mechanics and Sailors	23	855	4106	5504	3900
轮机维护与管理 Turbine Maintenance and Management	22	1288	1551	3981	1432
邮轮乘务 Passenger Liner Service	37	580	878	2419	712
水路运输服务 Waterway Transport Service	6	82	267	795	260
港口机械运用与维修 Operation and Maintenance of Harbour Machinery	14	410	585	1942	735
外轮理货 Foreign Ships Freight Forwarding	2	30	42	74	20
工程潜水 Engineering Diving	1	19	22	46	24
船舶通信与导航 Ship Communication and Navigation	1	0	0	41	41
船舶检验 Ships Inspection	1	0	0	23	23
水上运输类专业 New Specialities of Water Transportation	3	353	469	1231	379

6-9 分地区各海洋专业博士研究生情况（2022年）
Doctoral Students in Marine Specialities by Regions (2022)

地 区 Region	专业点数（个） Number of Speciality Agencies (unit)	学生数（人） Number of Students (person)			
		毕业生 Graduates	招 生 Entrants	在校生 Enrollment	预计毕业生数 Estimated Number of Graduates Next Year
合 计 Total	**199**	**1445**	**2295**	**9741**	**3730**
北 京 Beijing	25	361	504	1708	606
天 津 Tianjin	1	3	7	38	13
辽 宁 Liaoning	8	52	97	475	208
上 海 Shanghai	17	131	218	917	319
江 苏 Jiangsu	15	104	154	768	338
浙 江 Zhejiang	7	48	148	606	209
福 建 Fujian	10	76	92	424	176
山 东 Shandong	23	235	323	1380	480
广 东 Guangdong	23	72	107	400	129
广 西 Guangxi	1	0	0	2	2
海 南 Hainan	1	6	0	10	10
其 他 Others	68	357	645	3013	1240

6-10 分地区各海洋专业硕士研究生情况（2022年）
Postgraduate Students in Marine Specialities by Regions (2022)

地　区 Region	专业点数（个） Number of Speciality Agencies (unit)	学生数（人） Number of Students (person)			
		毕业生 Graduates	招　生 Entrants	在校生 Enrollment	预计毕业生数 Estimated Number of Graduates Next Year
合　计 **Total**	**416**	**6895**	**9588**	**25138**	**7897**
北　京 Beijing	33	554	1033	2339	630
天　津 Tianjin	10	187	225	683	228
河　北 Hebei	10	24	86	182	46
辽　宁 Liaoning	26	589	782	2046	623
上　海 Shanghai	29	885	1236	3143	967
江　苏 Jiangsu	35	579	736	2114	707
浙　江 Zhejiang	26	424	649	1637	534
福　建 Fujian	22	223	399	1051	311
山　东 Shandong	49	851	1121	3015	897
广　东 Guangdong	25	282	572	1484	435
广　西 Guangxi	6	40	131	352	100
海　南 Hainan	3	83	148	376	94
其　他 Others	142	2174	2470	6716	2325

6-11 分地区普通高等教育各海洋专业本科学生情况（2022年）
Undergraduates in the Marine Specialities of Ordinary Higher Education by Regions (2022)

地　区 Region	专业点数（个） Number of Speciality Agencies (unit)	学生数（人） Number of Students (person)			
		毕业生 Graduates	招　生 Entrants	在校生 Enrollment	预计毕业生数 Estimated Number of Graduates Next Year
合　计 **Total**	**655**	**36459**	**40997**	**162288**	**39659**
北　京 Beijing	21	1112	1368	5676	1342
天　津 Tianjin	26	1145	1194	5242	1229
河　北 Hebei	26	1045	795	3937	1092
辽　宁 Liaoning	44	3355	3390	13615	3311
上　海 Shanghai	26	1593	1589	6676	1597
江　苏 Jiangsu	71	3424	3665	14467	3578
浙　江 Zhejiang	33	1565	1778	6629	1601
福　建 Fujian	32	2027	2358	8656	2277
山　东 Shandong	66	3792	4368	17948	4517
广　东 Guangdong	45	2915	3649	13592	2988
广　西 Guangxi	14	921	1088	4234	1073
海　南 Hainan	13	639	683	2809	634
其　他 Others	238	12926	15072	58807	14420

6-12 分地区高等职业教育各海洋专业本科学生情况（2022年）

Undergraduates in the Marine Specialities of Higher Vocational Education by Regions (2022)

地 区 Region	专业点数（个） Number of Speciality Agencies (unit)	学生数（人） Number of Students (person)			
		毕业生 Graduates	招 生 Entrants	在校生 Enrollment	预计毕业生数 Estimated Number of Graduates Next Year
合 计 **Total**	**6**	**25**	**646**	**1684**	**298**
北 京 Beijing					
天 津 Tianjin					
河 北 Hebei	1	0	136	205	0
辽 宁 Liaoning					
上 海 Shanghai					
江 苏 Jiangsu	1	0	79	147	0
浙 江 Zhejiang					
福 建 Fujian	1	0	102	429	135
山 东 Shandong					
广 东 Guangdong					
广 西 Guangxi					
海 南 Hainan	2	25	250	824	163
其 他 Others	1	0	79	79	0

6-13 分地区高等职业教育各海洋专业专科学生情况（2022年）
Students from Marine Specialities of the Colleges for Professional Training in the Higher Vocational Education by Regions (2022)

地　区 Region	专业点数（个） Number of Speciality Agencies (unit)	学生数（人） Number of Students (person)			
		毕业生 Graduates	招　生 Entrants	在校生 Enrollment	预计毕业生数 Estimated Number of Graduates Next Year
合　计 Total	**792**	**41825**	**54893**	**145533**	**46113**
北　京 Beijing	3	0	25	82	44
天　津 Tianjin	27	2730	2850	8515	2946
河　北 Hebei	50	1425	1905	5592	2015
辽　宁 Liaoning	54	4133	4318	12541	4925
上　海 Shanghai	19	827	720	1871	714
江　苏 Jiangsu	49	3724	5220	13235	4101
浙　江 Zhejiang	26	2229	2571	6422	2094
福　建 Fujian	37	2536	3116	8691	2775
山　东 Shandong	121	6536	9266	22799	6600
广　东 Guangdong	39	2190	2720	7466	2512
广　西 Guangxi	35	1250	2252	5524	1497
海　南 Hainan	14	607	953	2214	681
其　他 Others	318	13638	18977	50581	15209

6-14 分地区成人高等教育各海洋专业本科学生情况（2022年）
Students from Marine Specialities in the Adult Higher Education by Regions (2022)

地　区 Region	专业点数（个） Number of Speciality Agencies (unit)	学生数（人） Number of Students (person)			
		毕业生 Graduates	招　生 Entrants	在校生 Enrollment	预计毕业生数 Estimated Number of Graduates Next Year
合　计 Total	**124**	**3569**	**5777**	**11174**	**4274**
北 京 Beijing	3	6	29	54	19
天　津 Tianjin	1	0	0	33	0
河　北 Hebei	1	0	0	1	1
辽　宁 Liaoning	13	298	546	1321	482
上　海 Shanghai	3	182	172	499	144
江　苏 Jiangsu	14	580	793	1612	718
浙　江 Zhejiang	2	36	271	323	52
山　东 Shandong	12	603	939	1753	706
广　东 Guangdong	8	100	226	532	172
广　西 Guangxi	8	60	126	223	97
其　他 Others	59	1704	2675	4823	1883

6-15 分地区成人高等教育各海洋专业专科学生情况（2022年）
Students from Marine Specialities of the Colleges for Professional Training in the Adult Higher Education by Regions (2022)

地　区 Region	专业点数（个） Number of Speciality Agencies (unit)	学生数（人） Number of Students (person)			
		毕业生 Graduates	招　生 Entrants	在校生 Enrollment	预计毕业生数 Estimated Number of Graduates Next Year
合　计 **Total**	**109**	**1738**	**1695**	**3946**	**1976**
北　京 Beijing	2	1	17	17	0
天　津 Tianjin	1	2	0	0	0
河　北 Hebei	8	37	103	278	175
辽　宁 Liaoning	15	254	253	483	227
上　海 Shanghai	5	137	38	195	112
江　苏 Jiangsu	15	225	259	542	283
浙　江 Zhejiang	5	26	40	76	36
福　建 Fujian	1	252	211	707	280
山　东 Shandong	2	51	0	60	60
广　东 Guangdong	7	171	53	96	43
广　西 Guangxi	4	4	28	41	13
海　南 Hainan	2	5	9	10	3
其　他 Others	42	573	684	1441	744

6-16 分地区中等职业教育各海洋专业学生情况（2022年）
Students from Marine Specialities in the Secondary Vocational Education by Regions (2022)

地　区 Region	专业点数（个） Number of Speciality Agencies (unit)	学生数（人） Number of Students (person)			
		毕业生 Graduates	招　生 Entrants	在校生 Enrollment	预计毕业生数 Estimated Number of Graduates Next Year
合　计 Total	**243**	**9610**	**14979**	**36970**	**14539**
北　京 Beijing	0	0	30	30	0
天　津 Tianjin					
河　北 Hebei	20	847	4080	5448	3906
辽　宁 Liaoning	24	542	599	3124	1054
上　海 Shanghai	14	1247	993	3067	1163
江　苏 Jiangsu	19	437	542	1615	564
浙　江 Zhejiang	16	438	580	1807	582
福　建 Fujian	10	473	780	2176	600
山　东 Shandong	23	1982	2331	5502	2171
广　东 Guangdong	6	459	491	1269	426
广　西 Guangxi	11	685	949	2457	654
海　南 Hainan	4	14	114	196	21
其　他 Others	96	2486	3490	10279	3398

6-17 分地区开设海洋专业高等学校教职工数（2022年）
Number of Teaching and Administrative Staff in the Universities and Colleges Offering Marine Specialities by Regions (2022)

地　区 Region	学校（机构）数 （个） Number of Colleges (Institutions) (unit)	教职工数 （人） Number of Teaching and Administrative Staff (person)	专任教师数 （人） Number of Full-Time Teachers (person)
合　计 Total	**683**	**1044199**	**698995**
北　京 Beijing	17	55589	27328
天　津 Tianjin	19	27428	18951
河　北 Hebei	34	42846	31743
辽　宁 Liaoning	34	38042	26049
上　海 Shanghai	21	40664	23033
江　苏 Jiangsu	48	86225	59267
浙　江 Zhejiang	20	33177	21537
福　建 Fujian	24	33472	22771
山　东 Shandong	59	89983	65731
广　东 Guangdong	44	85906	52683
广　西 Guangxi	20	26442	17996
海　南 Hainan	10	11538	8300
其　他 Others	333	472887	323606

主要统计指标解释

海洋专业 指高等教育和中等职业教育所设的与海洋有关的专业。

Explanatory Note on Main Statistical Indicators

Marine Speciality refers to the marine-related speciality in the higher education and the secondary vocational education.

7

海洋生态环境与防灾减灾

Marine Ecological Environment and Disaster Mitigation

7-1 管辖海域未达到第一类海水水质标准的海域面积（2022年）

Sea Area Under National Jurisdiction with Water Quality Not Up to the Standard of Grade I (2022)

海 区 Sea Area	合 计 （平方千米） Total (km^2)	第二类水质海域面积 （平方千米） Area of the Second Grade Sea Waters (km^2)	第三类水质海域面积 （平方千米） Area of the Third Grade Sea Waters (km^2)
海区合计 Total Sea Area	**76840**	**34390**	**11030**
渤 海 Bo Hai	24650	10910	3790
黄 海 Yellow Sea	13710	9850	1650
东 海 East China Sea	28940	11190	4030
南 海 South China Sea	9540	2440	1560

7-1 续表 continued

海　区 Sea Area	第四类水质海域面积 （平方千米） Area of the Fourth Grade Sea Waters (km^2)	劣于第四类水质海域面积 （平方千米） Sea Area of the Sea Waters Inferior to the Fourth Grade (km^2)
海区合计 Total Sea Area	**6540**	**24880**
渤　海 Bo Hai	2150	7800
黄　海 Yellow Sea	1000	1210
东　海 East China Sea	2370	11350
南　海 South China Sea	1020	4520

7-2 海区废弃物海洋倾倒情况（2022年）
Ocean Dumping of Wastes by Sea Areas (2022)

单位：立方米 (m^3)

海　区 Sea Area	疏浚物 Dredged Materials
合　计 Total	**323659907**
渤黄海 Bo Hai and Yellow Sea	39629084
东　海 East China Sea	148353700
南　海 South China Sea	135677123

7-3 海洋自然保护区建设情况（2022年）
Construction of Marine Nature Reserves (2022)

地 区 Region	保护区面积 （平方千米） Area of Nature Reserves (km^2)	保护区数量 （个） Number of Nature Reserves (unit)	按保护级别分 （个） By Level of Protection (unit)	
			国家级 National	地方级 Provincial
合 计 Total	**69642**	**66**	**14**	**52**
天 津 Tianjin	359	1	1	0
河 北 Hebei	379	2	1	1
辽 宁 Liaoning	867	4	1	3
上 海 Shanghai	10	1	0	1
江 苏 Jiangsu	34	1	0	1
浙 江 Zhejiang	686	2	2	0
福 建 Fujian	315	6	1	5
山 东 Shandong	1427	9	1	8
广 东 Guangdong	1464	27	3	24
广 西 Guangxi	160	3	2	1
海 南 Hainan	63941	10	2	8

7-4 海洋特别保护区建设情况（2022年）
Construction of Marine Special Reserves (2022)

地 区 Region	保护区面积 （平方千米） Area of Nature Reserves (km^2)	保护区数量 （个） Number of Nature Reserves (unit)	按保护级别分（个）By Level of Protection (unit)	
			国家级 National	地方级 Provincial
合 计 Total	**9404**	**79**	**67**	**12**
天 津 Tianjin	142	1	1	0
河 北 Hebei	102	1	1	0
辽 宁 Liaoning	1421	10	10	0
上 海 Shanghai	0	0	0	0
江 苏 Jiangsu	577	3	3	0
浙 江 Zhejiang	3442	14	7	7
福 建 Fujian	237	7	7	0
山 东 Shandong	3208	32	28	4
广 东 Guangdong	120	6	6	0
广 西 Guangxi	60	2	2	0
海 南 Hainan	95	3	2	1

7-5 重点海洋生态监测区域基本情况（2022年）
Basic Condition of the Key Marine Ecological Monitored Areas (2022)

重点监测区域 Key Monitored Area	所在地 Location	面积（平方千米）Area (km^2)	主要生态系统类型 Major Types of Ecosystem	多样性指数 Diversity Indices		
				浮游植物 Phyto-plankton	大型浮游动物 Macrozoo-plankton	大型底栖生物 Macrobenthos
鸭绿江口 Yalujiang Kou	辽宁省 Liaoning Province	1900	河口 Estuary	2.10	2.73	2.31
双台子河口 Shuangtaizihe Kou	辽宁省 Liaoning Province	3000	河口 Estuary	2.91	2.51	2.26
滦河口-北戴河 Luanhe Kou-Beidaihe	河北省 Hebei Province	900	河口 Estuary	2.70	1.62	3.06
黄河口 Huanghe Kou	山东省 Shandong Province	2600	河口 Estuary	2.80	3.31	3.44
长江口 Changjiang Kou	上海市 Shanghai Municipality	13668	河口 Estuary	1.15	2.42	1.64
闽江口 Minjiang Kou	福建省 Fujian Province	1400	河口 Estuary	2.69	3.46	2.51
珠江口 Zhujiang Kou	广东省 Guangdong Province	3980	河口 Estuary	0.33	2.61	2.49

注：生物多样性指数是生物种数和种类间个体数量分配均匀性的综合表现，用Shannon-Wiener多样性指数表征。

Note: Biodiversity index refers to the comprehensive expression of the distributive homogeneity of the number of biological species and the number of individuals between varieties characterized by the Shannon-Wiener biodiversity index.

7-5 续表 continued

重点监测区域 Key Monitored Area	所在地 Location	面积（平方千米）Area (km^2)	主要生态系统类型 Major Types of Ecosystem	多样性指数 Diversity Indices		
				浮游植物 Phyto-plankton	大型浮游动物 Macrozoo-plankton	大型底栖生物 Macrobenthos
渤海湾 Bohai Wan	天津市 Tianjin Municipality	3000	海湾 Bay	3.43	2.59	2.33
莱州湾 Laizhou Wan	山东省 Shandong Province	3770	海湾 Bay	2.72	2.82	3.41
胶州湾 Jiaozhou Wan	山东省 Shandong Province	900	海湾 Bay	3.18	3.14	3.68
杭州湾 Hangzhou Wan	上海市、浙江省 Shanghai Municipality, Zhejiang Province	5000	海湾 Bay	1.84	2.49	0.25
乐清湾 Yueqing Wan	浙江省 Zhejiang Province	464	海湾 Bay	2.25	3.12	1.99
闽东沿岸 Coastal East Fujian	福建省 Fujian Province	5063	海湾 Bay	1.77	2.89	2.63
大亚湾 Daya Wan	广东省 Guangdong Province	1200	海湾 Bay	2.20	3.56	1.84
北部湾 Beibu Gulf	广西壮族自治区 Guangxi Zhuang Autonomous Region	9000	海湾 Bay	2.62	3.05	2.04
苏北浅滩 Subei Tidal Flats	江苏省 Jiangsu Province	15400	滩涂湿地 Tidal Flat Wetland	2.86	1.84	0.28

7-6 沿海地区主要海洋灾害损失情况（2022年）
Survey of Marine Disasters by Coastal Regions (2022)

受灾地区 Disaster Area	发生次数 (Frequency of occurrence)	致灾原因 Cause of Disaster	死亡（含失踪）人数（人） Death Toll (Including missing people) (person)	直接经济损失（亿元） Direct Economic Loss (100 million yuan)
合　计 **Total**	**12**	风暴潮、海浪等 **Storm Surge, Sea Wave, etc.**	**9**	**24.12**
天　津 Tianjin	0	无 Nil	0	0.00
河　北 Hebei	0	无 Nil	0	0.00
辽　宁 Liaoning	0	无 Nil	0	0.00
上　海 Shanghai	1	风暴潮 Storm Surge	0	0.01
江　苏 Jiangsu	3	风暴潮、海浪 Storm Surge, Sea Wave	3	1.10
浙　江 Zhejiang	2	风暴潮、海浪 Storm Surge, Sea Wave	0	2.81
福　建 Fujian	4	海浪、赤潮 Sea Wave, Red Tide	6	0.14
山　东 Shandong	3	风暴潮、海浪 Storm Surge, Sea Wave	0	11.99
广　东 Guangdong	2	风暴潮 Storm Surge	0	7.65
广　西 Guangxi	3	风暴潮 Storm Surge	0	0.45
海　南 Hainan	0	无 Nil	0	0.00

注：合计发生次数与各省发生次数的总和不一致，是由于存在一次灾害过程影响多个省份的情况。

Note: The inconsistency between the summations of total and provincial occurrences is due to the fact that a single disaster process affects mutiple provinces.

7-7 各海域发现赤潮情况（2022年）
Statistics of Red Tide Disasters Found in Sea Areas (2022)

发现海域 Discovery sea area	赤潮发现次数 （次） Frequency of occurrence (time)	赤潮累计面积 （平方千米） Cumulative area (km^2)
合　计 **Total**	**67**	**3328**
渤海海域 Bo Hai	17	1114
黄海海域 Yellow Sea	7	147
东海海域 East China Sea	29	1815
南海海域 South China Sea	14	252

7-8 沿海地区赤潮灾害情况（2022年）
Survey of Red Tide Disasters by Coastal Regions (2022)

时　间 Date	影响区域 Affected Area	最大面积（平方千米） Max Area (km^2)
合　计 **Total**		**2181**
4月10日至4月15日 Apr.10–Apr.15	浙江 温州海域 Wenzhou Sea Area, Zhejiang Province	553
4月23日至4月27日 Apr.23–Apr.27	福建 平潭流水、白青、苏澳等海域 Pingtan Liushui, Baiqing, Suao and other sea areas, Fujian Province	120
5月6日至5月23日 May 6–May 23	浙江 台州椒江区大陈海域 Dachen Sea Area, Jiaojiang District, Taizhou, Zhejiang Province	120
5月10日至5月24日 May 10–May 24	浙江 台州玉环披山岛至温岭海域 Taizhou Yuhuan Bishan Island to Wenling Sea Area, Zhejiang Province	200
5月22日至5月24日 May 22–May 24	山东 东营附近海域 Sea area near Dongying, Shandong Province	210
7月25日至8月4日 July.25–Aug.4	浙江 岱山大长涂山岛、大西寨岛以南海域 The waters south of Daishan Dachangtushan Island and Daxizhai Island, Zhejiang Province	100
7月26日至8月5日 July.26–Aug.5	浙江 舟山普陀朱家尖、桃花岛和虾峙岛以东海域 The sea area east of Zhujiajian, Taohua Island and Xiashi Island in Putuo, Zhoushan, Zhejiang Province	250
7月31日至8月5日 July.31–Aug.5	河北 秦皇岛附近海域 Sea area near Qinhuangdao, Hebei Province	150
8月9日至8月18日 Aug.9–Aug.18	河北 秦皇岛近岸海域 Qinhuangdao offshore area, Hebei Province	150
8月20日至9月20日 Aug.20–Sep.20	河北 秦皇岛近岸海域 Qinhuangdao offshore area, Hebei Province	348

注：本表仅列出最大面积超过100平方千米（含）的赤潮过程。

Note: This table only lists the red tide processes each with the maximum area exceeding (including) 100 km^2.

8

海洋行政管理及公益服务

Marine Administration and Public-Good Service

8-1 分地区海域使用权出让和审批情况（2022年）
Granting and Approval of Sea Area Use Right by Regions (2022)

地　区 Region	新增宗海数量（宗） Number of Newly-Added Sea Plot (plot)	#海域使用审批 Approval of Sea Area Use	#海域使用市场化出让 Market-Based Transfer of Sea Area Use	新增宗海面积（公顷） Area of Newly-Added Sea Plot (hm^2)	#海域使用审批 Approval of Sea Area Use	#海域使用市场化出让 Market-Based Transfer of Sea Area Use	海域使用金应缴金额（万元） Payable Fees for Sea Area Use (10000 yuan)	海域使用金减免金额（万元） Amount of Reduction or Exemption Fees for Sea Area Use (10000 yuan)
全国总计 National Total	**1840**	**1468**	**372**	**194488.00**	**137927.41**	**56560.58**	**921851.44**	**171966.24**
天　津 Tianjin	26	26	0	216.55	216.55	0.00	32593.88	0.00
河　北 Hebei	49	30	19	3181.62	2266.54	915.08	112978.71	19802.87
辽　宁 Liaoning	297	212	85	81749.39	58007.37	23742.02	64853.50	478.90
上　海 Shanghai	12	12	0	556.80	556.80	0.00	36100.92	33725.47
江　苏 Jiangsu	166	163	3	23985.92	22821.53	1164.39	42865.66	6633.28
浙　江 Zhejiang	267	199	68	5880.52	3404.29	2476.24	242551.66	71448.27
福　建 Fujian	170	141	29	10642.01	3782.87	6859.14	51294.32	4268.86
山　东 Shandong	291	222	69	38662.98	22276.29	16386.68	97281.24	25520.24
广　东 Guangdon	214	211	3	11116.99	10064.99	1052.00	198442.14	7489.78
广　西 Guangxi	105	29	76	4830.42	1332.10	3498.31	26876.45	1838.47
海　南 Hainan	125	105	20	1693.64	1226.92	466.72	12164.35	760.10
其　他 Others	118	118	0	11971.16	11971.16	0.00	3848.61	0.00

注：其他为沿海省（自治区、直辖市）管理海域以外（指渤海中部海域）。

Note: Others are the sea areas outside the control of coastal provinces, autonomous regions and municipalities directly under the Central Government (Referring to the central Bohai Sea area).

8-2 沿海地区海滨观测台站分布概况（2022年）
Distribution of Coastal Observation Stations by Coastal Regions (2022)

地 区 Region	合 计 **Total**	海洋站 （个） Marine Station (Unit)	验潮站① （处） Tide Station (Unit)	气象台站 （个） Meteorological Station (Unit)	地震台站③ （个） Seismic Station (Unit)
合 计 **Total**	**3833**	**156**	**289**	**917**	**2471**
天 津 Tianjin	**188**	4	2	20	162
河 北 Hebei	**413**	7		25	381
辽 宁 Liaoning	**276**	11	3	76	186
上 海 Shanghai	**175**	9	59	14	93
江 苏 Jiangsu	**372**	12	77	35	248
浙 江 Zhejiang	**489**	25	38	171	255
福 建 Fujian	**464**	16	11	142	295
山 东 Shandong	**512**	25	3	63	421
广 东 Guangdong	**638**	24	89	295	230
广 西 Guangxi	**173**	8	4	26	135
海 南 Hainan	**131**	15	3	48	65
其 他 Others	**2**			2②	

注：①潮流量观测站107处，潮水位观测站182处。
②南极中山站气象台站和长城站气象台站由中国气象科学研究院主管。
③地震台站统计口径为国家地震台、省地震台、中心站、一般监测站合计数。

Note: ①There are 107 tidal current observation stations and 182 tidal level observation stations.
②Meteorological stations in Antarctic Zhongshan Station and Antarctic Great Wall Station are managed by the Chinese Academy of Meteorological Sciences.
③The statistical caliber of the seismic station data is the total of national seismic stations, provincial seismic stations, central stations and general monitoring stations.

8-3 国家级海洋预报服务概况（2022年）
National Level Marine Forecast Service (2022)

单位：次 (time)

预报项目 Item	数值预报 Numerical Forecast		
	预报服务次数 Frequency	发布次数 Frequency of Release	
		广播电视 Radio and TV	互联网 Internet
合　计 Total	**35098**	**1460**	**32970**
海　浪 Sea Wave	5840	1095	6935
海　温 Sea Surface Temperature	6205	365	5110
潮　汐 Tide	4380	0	3650
海　流 Sea Current	7404	0	6674
海平面 Sea Level	0	0	0
盐　度 Salinity	3650	0	3285
赤　潮 Red Tide	21	0	0
滨海旅游 Coastal Tourism	365	0	365
海　冰 Sea Ice	282	0	282
绿　潮 Green Tide	877	0	817
溢　油 Oil Spill	7	0	0
厄尔尼诺 El Niño	12	0	12
专　项 Special Item			
其　他 Others	6055	0	5840

8-3 续表 continued

预报项目 Item	综合预报 Comprehensive Forecast		
	预报服务次数 Frequency	发布次数 Frequency of Release	
		广播电视 Radio and TV	互联网 Internet
合 计 Total	**96802**	**53400**	**92274**
海 浪 Sea Wave	30522	18423	28465
海 温 Sea Surface Temperature	24513	13316	22614
潮 汐 Tide	23291	17406	31686
海 流 Sea Current	1095	0	1095
海平面 Sea Level	1	0	0
盐 度 Salinity	196	0	0
赤 潮 Red Tide	337	20	217
滨海旅游 Coastal Tourism	6935	4065	6068
海 冰 Sea Ice	437	170	552
绿 潮 Green Tide	227	0	227
溢 油 Oil Spill	4	0	7
厄尔尼诺 El Niño	48	0	48
专 项 Special Item			
其 他 Others	9196	0	1295

8-4 海洋观测情况（2022年）
Statistics on Ocean Observation (2022)

观测项目 Observation Item	志愿船 Volunteer Ship	断面 Section	台站 Station	浮标 Buoy	雷达 Radar	GNSS Global Navigation Satellite System
站点数（个） Stations (unit)	75①	119②	163	55	37	53
观测数据（MB） Data (MB)	2013.5	507.3	17141.8	640.3	615802.9	128389.1

注：①计量单位为艘；
②计量单位为条。
Notes: ① The unit of measurement is ship.
② The unit of measurement is piece.

8-5 海洋调查情况（2022年）
Marine Survey Statistics (2022)

调查类别 Name	站点数（个） Number of Stations (unit)	船舶数（艘） Number of Ships (unit)	项目数（个） Number of Items (unit)	实际获得数据 Quantity of Data Actually Obtained	
				（个）(Unit)	(MB)
合　计 **Total**	**5346**	**99**	**141**	**54000**	**22434200**
大洋调查 Oceanic Survey	776	9	9	12595	9669272
极地调查 Polar Survey	289	2	3	757	10821207
其他调查 Other Surveys	4281	88	129	40648	1943720

注：数据来源于自然资源部中国地质调查局、北海局、东海局、南海局、中国大洋矿产资源研究开发协会办公室、中国极地研究中心、第一海洋研究所、第三海洋研究所、第四海洋研究所。
Note: The data come from the China Geological Survey, North Sea, East China Sea and South China Sea Bureaus, Office of the China Ocean Mineral Resources R&D Association, China Polar Research Centre, First Institute of Oceanography, Third Institute of Oceanography and Fourth Institute of Oceanography of the Ministry of Natural Resources.

8-6 海洋标准化管理情况（2022年）
Management of Marine Standardization (2022)

单位：项　　(item)

指　标 Item	指 标 值 Data
标准立项 **Standards Proposal Approval**	**95**
国家标准 National Standards	4
行业标准 Professional Standards	91
标准审查 **Standards Examination**	**420**
国家标准 National Standards	53
行业标准 Professional Standards	367
标准发布 **Standards Issuing**	**46**
国家标准 National Standards	15
行业标准 Professional Standards	31
标准出版 **Standards Publication**	**45**
国家标准 National Standards	14
行业标准 Professional Standards	31
标准实施监督检查（次） **Supervision and Examination of Standards Implementation (time)**	**0**

注：数据来源于全国海洋标准化技术委员会。

Note: The data come from the National Technical Committee 283 on Ocean of Standardization Administration of china.

主要统计指标解释

1. 断面观测 每年定期利用船舶在沿海设定的断面上进行海洋水文、气象、生物、化学等项目的监测活动。

2. 浮标观测 在海上固定站位获取长期、连续海洋环境观测资料的海上锚定资料浮标。

3. 大洋调查 以大洋科考、研究为目的的远洋调查。

4. 极地调查 以极地科考、研究为目的的调查。

5. 国家标准 针对海洋领域内需要在全国范围内统一的有关技术要求所制定的国家标准。海洋国家标准由国家标准化主管部门统一批准、编号和发布。

6. 行业标准 对没有海洋国家标准而又需要在海洋领域内统一的技术要求所制定的标准。海洋行业标准由自然资源部统一批准、编号和发布。

Explanatory Notes on Main Statistical Indicators

1. Sectional Monitoring refers to the monitoring activities concerning such items as marine hydrology, meteorology, biology and chemistry carried out regularly every year on the sections set in the coastal area.

2. Buoy Monitoring refers to the monitoring carried out by the offshore mooring data buoys which acquire long-term, continuous marine environmental observations at the fixed stations at sea.

3. Oceanic Survey refers to the oceanic surveys aimed at the oceanic scientific investigations and research.

4. Polar Survey refers to the polar surveys aimed at the polar scientific investigations and research.

5. National Standards refer to the standards formulated in view of the relevant technical requirements in the marine field that need to be unified throughout the country. The marine national standards are approved, numbered and issued uniformly by the state department responsible for standardization.

6. Professional Standards refer to the standards formulated for the technical requirements which have no national standards but need to be unified in the marine field. The marine professional standards are approved, numbered and issued by the Ministry of Natural Resources.

9

全国及沿海社会经济

National and Coastal Socioeconomy

9-1 国内生产总值
Gross Domestic Product

单位：亿元 (100 million yuan)

年　份 Year	国内生产总值 Gross Domestic Product	第一产业 Primary Industry	第二产业 Secondary Industry	第三产业 Tertiary Industry
2001	110863.1	15502.5	49659.4	45701.2
2002	121717.4	16190.2	54104.1	51423.1
2003	137422.0	16970.2	62695.8	57756.0
2004	161840.2	20904.3	74285.0	66650.9
2005	187318.9	21806.7	88082.2	77430.0
2006	219438.5	23317.0	104359.2	91762.2
2007	270092.3	27674.1	126630.5	115787.7
2008	319244.6	32464.1	149952.9	136827.5
2009	348517.7	33583.8	160168.8	154765.1
2010	412119.3	38430.8	191626.5	182061.9
2011	487940.2	44781.5	227035.1	216123.6
2012	538580.0	49084.6	244639.1	244856.2
2013	592963.2	53028.1	261951.6	277983.5
2014	643563.1	55626.3	277282.8	310654.0
2015	688858.2	57774.6	281338.9	349744.7
2016	746395.1	60139.2	295427.8	390828.1
2017	832035.9	62099.5	331580.5	438355.9
2018	919281.1	64745.2	364835.2	489700.8
2019	986515.2	70473.6	380670.6	535371.0
2020	1013567.0	78030.9	383562.4	551973.7
2021	1149237.0	83216.5	451544.1	614476.4
2022	1210207.2	88345.1	483164.5	638697.6

注：数据来源于《中国统计年鉴2023》（除特别注明外，本部分其他表同）。

Note: The data come from the *China Statistical Yearbook 2023*. Unless otherwise specified, the same applies to the other tables in Part 9.

9-2 国内生产总值增长速度
Growth Rate of Gross Domestic Product

(%)

年 份 Year	国内生产总值 Gross Domestic Product	第一产业 Primary Industry	第二产业 Secondary Industry	第三产业 Tertiary Industry
2001	8.3	2.6	8.5	10.3
2002	9.1	2.7	9.9	10.5
2003	10.0	2.4	12.7	9.5
2004	10.1	6.1	11.1	10.1
2005	11.4	5.1	12.1	12.4
2006	12.7	4.8	13.5	14.1
2007	14.2	3.5	15.1	16.1
2008	9.7	5.2	9.8	10.5
2009	9.4	4.0	10.3	9.6
2010	10.6	4.3	12.7	9.7
2011	9.6	4.2	10.7	9.5
2012	7.9	4.5	8.4	8.0
2013	7.8	3.8	8.0	8.3
2014	7.4	4.1	7.2	8.3
2015	7.0	3.9	5.9	8.8
2016	6.8	3.3	6.0	8.1
2017	6.9	4.0	5.9	8.3
2018	6.7	3.5	5.8	8.0
2019	6.0	3.1	4.9	7.2
2020	2.2	3.1	2.5	1.9
2021	8.4	7.1	8.7	8.5
2022	3.0	4.1	3.8	2.3

注：本表按不变价格计算（上年为基期）。

Note: This table is calculated at constant price (with the previous year as the base period).

9-3 沿海地区生产总值（2022年）
Gross Regional Product of Coastal Regions (2022)

单位：亿元 (100 million yuan)

地 区 Region	地区生产总值 Gross Regional Product	第一产业 Primary Industry	第二产业 Secondary Industry	第三产业 Tertiary Industry
合 计 Total	**635683.3**	**35065.0**	**258582.5**	**342035.8**
天 津 Tianjin	16311.3	273.1	6038.9	9999.3
河 北 Hebei	42370.4	4410.3	17050.1	20910.0
辽 宁 Liaoning	28975.1	2597.6	11755.8	14621.7
上 海 Shanghai	44652.8	97.0	11458.4	33097.4
江 苏 Jiangsu	122875.6	4959.4	55888.7	62027.5
浙 江 Zhejiang	77715.4	2324.8	33205.2	42185.4
福 建 Fujian	53109.9	3076.2	25078.2	24955.5
山 东 Shandong	87435.1	6298.6	35014.2	46122.3
广 东 Guangdong	129118.6	5340.4	52843.5	70934.7
广 西 Guangxi	26300.9	4269.8	8938.6	13092.5
海 南 Hainan	6818.2	1417.8	1310.9	4089.5

9-4 沿海地区生产总值增长速度
Growth Rate of Gross Regional Product of Coastal Regions

(%)

地 区 Region	2011	2012	2013	2014	2015	2016	2017	2018	2019	2020	2021	2022
天 津 Tianjin	16.4	13.8	12.5	10.0	9.3	9.1	3.6	3.6	4.8	1.5	6.6	1.0
河 北 Hebei	11.3	9.6	8.2	6.5	6.8	6.8	6.6	6.6	6.8	3.9	6.5	3.8
辽 宁 Liaoning	12.2	9.5	8.7	5.8	3.0	-2.5	4.2	5.7	5.5	0.6	5.8	2.1
上 海 Shanghai	8.2	7.5	7.7	7.0	6.9	6.9	6.9	6.6	6.0	1.7	8.1	-0.2
江 苏 Jiangsu	11.0	10.1	9.6	8.7	8.5	7.8	7.2	6.7	6.1	3.7	8.6	2.8
浙 江 Zhejiang	9.0	8.0	8.2	7.6	8.0	7.6	7.8	7.1	6.8	3.6	8.5	3.1
福 建 Fujian	12.3	11.4	11.0	9.9	9.0	8.4	8.1	8.3	7.6	3.3	8.0	4.7
山 东 Shandong	10.9	9.8	9.6	8.7	8.0	7.6	7.4	6.4	5.5	3.6	8.3	3.9
广 东 Guangdong	10.0	8.2	8.5	7.8	8.0	7.5	7.5	6.8	6.2	2.3	8.0	1.9
广 西 Guangxi	12.3	11.3	10.2	8.5	8.1	7.3	7.1	6.8	6.0	3.7	7.5	2.9
海 南 Hainan	12.0	9.1	9.9	8.5	7.8	7.5	7.0	5.8	5.8	3.5	11.2	0.2

注：数据来源于历年《中国统计年鉴》；本表按不变价格计算（上年为基期）。

Note: The data come from the *China Statistical Yearbook* over the years.
This table is calculated at constant price (with the previous year as the base period).

9-5 沿海城市生产总值
Gross Regional Product of Coastal Cities

单位：亿元　　　　(100 million yuan)

沿海城市 Coastal City	2021 地区生产总值 Gross Regional Product	2021 第一产业 Primary Industry	2021 第二产业 Secondary Industry	2021 第三产业 Tertiary Industry	2022 地区生产总值 Gross Regional Product	2022 第一产业 Primary Industry	2022 第二产业 Secondary Industry	2022 第三产业 Tertiary Industry
合　计 Total	**279093.0**	**13077.9**	**116213.0**	**149802.1**	**354721.0**	**15337.5**	**143304.7**	**196078.8**
天　津 Tianjin	**15695.0**	**225.4**	**5854.3**	**9615.4**	**16311.3**	**273.2**	**6038.9**	**9999.3**
河　北 Hebei	**14237.8**	**1178.8**	**6932.3**	**6126.6**	**15198.4**	**1258.2**	**7432.7**	**6507.5**
唐　山 Tangshan	8230.6	606.5	4546.8	3077.3	8900.7	638.4	4927.7	3334.6
秦皇岛 Qinhuangdao	1843.8	239.5	657.1	947.2	1909.5	252.2	681.5	975.9
沧　州 Cangzhou	4163.4	332.8	1728.4	2102.1	4388.2	367.6	1823.5	2197.0
辽　宁 Liaoning	**13456.9**	**1279.5**	**5494.4**	**6683.0**	**14219.8**	**1366.1**	**5994.6**	**6859.0**
大　连 Dalian	7825.9	513.3	3301.6	4011.0	8430.9	563.0	3712.5	4155.5
丹　东 Dandong	854.4	171.2	221.1	462.1	890.7	184.8	232.6	473.3
锦　州 Jinzhou	1148.3	212.9	296.4	639.0	1201.7	226.7	328.0	646.9
营　口 Yingkou	1403.2	117.6	634.9	650.7	1431.6	126.6	630.8	674.1
盘　锦 Panjin	1383.2	116.8	731.3	535.1	1394.3	109.9	765.0	519.4
葫芦岛 Huludao	841.7	147.6	308.9	385.1	870.6	155.1	325.7	389.8
上　海 Shanghai					**44652.8**	**97.0**	**11458.4**	**33097.4**
江　苏 Jiangsu	**21372.3**	**1618.9**	**9669.8**	**10083.5**	**22464.4**	**1728.1**	**10353.1**	**10383.3**
南　通 Nantong	11026.9	485.0	5357.9	5184.0	11379.6	510.0	5611.1	5258.5
连云港 Lianyungang	3727.9	398.1	1625.8	1704.0	4005.0	424.2	1814.3	1766.6
盐　城 Yancheng	6617.4	735.8	2686.1	3195.5	7079.8	793.8	2927.8	3358.2
浙　江 Zhejiang	**36025.0**	**1115.1**	**16939.4**	**17970.5**	**38465.0**	**1204.0**	**18103.0**	**19158.0**
宁　波 Ningbo	14594.9	356.2	6997.2	7241.6	15704.0	382.0	7413.0	7909.0
温　州 Wenzhou	7585.0	164.3	3191.3	4229.4	8030.0	177.0	3381.0	4471.0
嘉　兴 Jiaxing	6355.3	132.0	3453.8	2769.6	6739.0	144.0	3720.0	2876.0
舟　山 Zhoushan	1703.6	158.7	754.2	790.7	1951.0	171.0	950.0	830.0
台　州 Taizhou	5786.2	303.9	2543.0	2939.2	6041.0	330.0	2639.0	3072.0
福　建 Fujian	**40722.0**	**1925.6**	**19323.0**	**19473.4**	**44591.3**	**2066.8**	**21311.9**	**21212.6**
福　州 Fuzhou	11324.5	637.0	4289.8	6397.7	12308.2	683.4	4656.9	6968.0
厦　门 Xiamen	7033.9	29.1	2882.9	4121.9	7802.7	29.3	3233.6	4539.8

注：数据来源于各省（自治区、直辖市）统计年鉴；各沿海地区数据为沿海城市合计数。

Note: The data come from the the statistical yearbooks of provinces, autonomous regions and municipalities directly under the Central Government.
The data for coastal regions are the total of coastal cities.

9-5 续表 continued

沿海城市 Coastal City	2021				2022			
	地区生产总值 Gross Regional Product	第一产业 Primary Industry	第二产业 Secondary Industry	第三产业 Tertiary Industry	地区生产总值 Gross Regional Product	第一产业 Primary Industry	第二产业 Secondary Industry	第三产业 Tertiary Industry
莆 田 Putian	2883.0	136.6	1506.5	1239.9	3116.3	146.1	1630.8	1339.3
泉 州 Quanzhou	11304.2	232.8	6436.2	4635.2	12103.0	250.1	6882.1	4970.8
漳 州 Zhangzhou	5025.4	530.3	2461.4	2033.7	5706.6	571.5	2860.0	2275.1
宁 德 Ningde	3151.1	359.8	1746.2	1045.1	3554.6	386.4	2048.6	1119.6
山 东 Shandong	**41848.5**	**2729.6**	**16959.3**	**22159.6**	**44053.9**	**2838.7**	**17897.4**	**23317.7**
青 岛 Qingdao	14136.5	470.1	5070.3	8596.1	14920.8	478.1	5197.3	9245.4
东 营 Dongying	3441.7	181.9	1988.4	1271.4	3620.7	191.6	2092.1	1337.0
烟 台 Yantai	8711.8	626.1	3598.5	4487.1	9515.9	662.5	4022.2	4831.1
潍 坊 Weifang	7010.6	628.4	2831.4	3550.9	7306.5	647.0	3066.6	3592.9
威 海 Weihai	3463.9	349.2	1355.1	1759.6	3408.2	354.8	1313.7	1739.8
日 照 Rizhao	2212.0	194.7	903.6	1113.7	2306.8	208.0	938.8	1160.0
滨 州 Binzhou	2872.1	279.3	1212.0	1380.8	2975.2	296.8	1266.7	1411.7
广 东 Guangdong	**102280.8**	**3200.4**	**39693.4**	**59387.0**	**106344.0**	**3438.4**	**42007.4**	**60898.3**
广 州 Guangzhou	28232.0	306.4	7722.7	20202.9	28839.0	318.3	7909.3	20611.4
深 圳 Shenzhen	30664.9	26.6	11338.6	19299.7	32387.7	25.6	12405.9	19956.2
珠 海 Zhuhai	3881.8	55.0	1627.5	2199.3	4045.5	60.5	1808.1	2176.9
汕 头 Shantou	2929.9	125.1	1412.6	1392.3	3017.4	137.0	1446.4	1434.1
江 门 Jiangmen	3601.3	294.9	1640.7	1665.7	3773.4	324.6	1723.6	1725.2
湛 江 Zhanjiang	3559.9	640.9	1373.2	1545.8	3712.6	682.8	1457.8	1572.0
茂 名 Maoming	3698.1	648.9	1319.2	1730.0	3904.6	699.0	1421.1	1784.5
惠 州 Huizhou	4977.4	232.5	2652.8	2092.1	5401.2	277.5	3019.9	2103.9
汕 尾 Shanwei	1288.0	175.1	499.0	614.0	1322.0	187.4	490.9	643.7
阳 江 Yangjiang	1515.9	249.0	592.5	674.4	1535.0	251.4	596.4	687.2
东 莞 Dongguan	10855.3	34.7	6319.4	4501.3	11200.3	36.5	6513.6	4650.2
中 山 Zhongshan	3566.2	90.8	1761.8	1713.6	3631.3	89.2	1795.3	1746.8
潮 州 Chaozhou	1244.9	115.0	602.1	527.7	1313.0	124.9	625.5	562.6
揭 阳 Jieyang	2265.4	205.5	831.5	1228.4	2261.0	223.7	793.6	1243.7
广 西 Guangxi	**3968.1**	**660.9**	**1567.0**	**1740.2**	**4559.3**	**703.1**	**1958.0**	**1898.2**
北 海 Beihai	1504.4	225.3	635.7	643.4	1674.2	239.6	761.5	673.1
防城港 ng	815.9	119.6	398.5	297.7	968.1	125.1	517.8	325.1
钦 州 Qinzhou	1647.8	316.0	532.8	799.1	1917.0	338.4	678.6	900.0
海 南 Hainan	**3724.3**	**322.5**	**712.4**	**2689.5**	**3860.8**	**364.0**	**749.3**	**2747.5**
海 口 Haikou	2057.1	85.4	346.7	1624.9	2134.8	99.2	406.3	1629.3
三 亚 Sanya	835.4	93.8	124.7	616.9	847.1	110.3	114.8	622.0
儋 州 Danzhou	831.9	143.3	240.9	447.8	878.9	154.5	228.2	496.2

9-6 县级单位主要统计指标
Main Indicators of Regions at County Level

单位：万元 (10000 yuan)

沿海县 Coastal County		地区生产总值 Gross Domestic Product		第一产业增加值 Value-added of Primary Industry		第二产业增加值 Value-added of Secondary Industry	
		2021	2022	2021	2022	2021	2022
合 计	**Total**	**739290971**	**794964407**	**79245480**	**84885340**	**348477275**	**378163485**
河 北	**Hebei**	**33125951**	**42123611**	**4455676**	**4913870**	**15914187**	**21901656**
丰 南	Fengnan	8400975	10060500	548495	601390	4711645	5743501
曹妃甸	Caofeidian	8506299	10102900	419871	515687	4730419	5812313
滦 南	Luannan	3102661	3141127	955111	987159	967626	917058
乐 亭	Laoting	4843970	5022475	934663	948038	2624014	2726283
昌 黎	Changli	3372471	3510461	738770	773877	1449734	1510563
抚 宁	Funing	1355059	1416986	369284	377889	357743	369430
黄 骅	Huanghua	2858312	8138373	362783	568184	865007	4597935
海 兴	Haixing	686204	730789	126699	141646	207999	224573
辽 宁	**Liaoning**	**30270102**	**32617044**	**7128888**	**7572828**	**11788079**	**13374252**
长 海	Changhai	938456	1010778	599497	655113	13285	14439
瓦房店	Wafangdian	9340678	10910060	1200090	1327641	4793603	6147919
庄 河	Zhuanghe	5745222	5971018	1304316	1446452	2319723	2373404
东 港	Donggang	2435562	2596377	905696	975069	505783	555192
凌 海	Linghai	1548723	1607633	542331	581056	297415	294746
盖 州	Gaizhou	1704674	1759612	480199	511664	462447	459721
大 洼	Dawa	3523189	3828886	628073	590438	1875507	2121753
盘 山	Panshan	1837674	1604194	499914	476384	818771	625961
绥 中	Suizhong	1805372	1850494	627495	653691	409335	431143
兴 城	Xingcheng	1390552	1477992	341277	355320	292210	349974

注：数据来源于《中国县域统计年鉴2023》；各沿海地区数据为沿海县合计数。

Note: The data come from the *China Statistical Yearbook (County-level) 2023* .
The data for coastal regions are the total of coastal counties.

9-6 续表1 continued

沿海县 Coastal County		地区生产总值 Gross Domestic Product		第一产业增加值 Value-added of Primary Industry		第二产业增加值 Value-added of Secondary Industry	
		2021	2022	2021	2022	2021	2022
江 苏	**Jiangsu**	**121289500**	**126690200**	**11633600**	**12409400**	**55483000**	**58192600**
通 州	Tongzhou	15942000	16391900	671000	704300	8153000	8486700
海 安	Hai'an	13431000	13797600	761000	797100	7259000	7533100
如 东	Rudong	12722000	13146100	960000	1015200	6328000	6374500
启 东	Qidong	13460000	13911300	887000	929600	6570000	6858700
海 门	Haimen	15693000	16216900	726000	763600	7697000	7992200
赣 榆	Ganyu	7075000	7274300	1080300	1164000	3086300	3102600
灌 云	Guanyun	4240200	4514800	821000	874000	1525000	1669700
灌 南	Guannan	4525700	4804200	700900	729000	2108200	2284700
响 水	Xiangshui	4463300	4805400	579200	636600	2039500	2222800
滨 海	Binhai	5651300	6059400	790200	828900	2248300	2446600
射 阳	Sheyang	6633100	7096700	1117500	1181400	2400500	2605100
东 台	Dongtai	9860800	10505200	1428900	1573500	3536100	3816500
大 丰	Dafeng	7592100	8166400	1110600	1212200	2532100	2799400
浙 江	**Zhejiang**	**155181674**	**165769618**	**7231366**	**7848858**	**82201386**	**87188247**
象 山	Xiangshan	6697584	7200357	853932	984458	2813246	2737481
宁 海	Ninghai	8401013	9007216	506693	545151	4294026	4364870
余 姚	Yuyao	14415033	15135928	506798	537583	8852323	8982721
慈 溪	Cixi	23791693	25215815	609549	660105	14553281	15313454
奉 化	Fenghua	8484365	9072828	337908	359780	5238288	5473704
洞 头	Dongtou	1260700	1371600	72108	77400	511693	539200
平 阳	Pingyang	6005063	6464786	224682	234361	2897999	3159597
苍 南	Cangnan	3996212	4275596	293482	311632	1508072	1629263
瑞 安	Rui'an	11489832	11978723	272305	290200	5333434	5427805
龙 港	Longgang	3403368	3701405	95960	96319	1588014	1654150
乐 清	Yueqing	14334779	15019500	221966	227900	6722255	6850700
海 盐	Haiyan	6215563	6398412	187401	203124	3651662	3728667
平 湖	Pinghu	9074953	9595832	150816	164332	5482756	5859333

9-6 续表2 continued

沿海县 Coastal County		地区生产总值 Gross Domestic Product		第一产业增加值 Value-added of Primary Industry		第二产业增加值 Value-added of Secondary Industry	
		2021	2022	2021	2022	2021	2022
岱　山	Daishan	5307840	7536048	356230	355324	3932954	6097959
嵊　泗	Shengsi	1226468	1300431	367339	408038	251507	260518
玉　环	Yuhuan	7113879	7316014	409227	452866	3801400	3910306
三　门	Sanmen	3195017	3326306	366238	405736	1544539	1542209
温　岭	Wenling	12569631	13067614	857111	942129	5592166	5694700
临　海	Linhai	8198681	8785207	541621	592420	3631771	3961610
福　建	**Fujian**	**156360770**	**171933211**	**11381942**	**12204928**	**85229114**	**94439564**
连　江	Lianjiang	6714361	7314566	1734087	1857407	2529495	2710249
罗　源	Luoyuan	3590571	4170410	550628	595711	1842518	2240917
平　潭	Pingtan	3392021	3677097	403019	426039	814549	928601
福　清	Fuqing	14140436	16044205	1235240	1326707	6657319	7721768
长　乐	Changle	11438983	12180838	704134	761041	6903069	7179120
仙　游	Xianyou	5583418	6269860	228618	248976	2749210	3182478
惠　安	Hui'an	14911346	16244288	354260	383287	10515701	11338640
石　狮	Shishi	10725100	11596784	277871	315552	4766303	5103695
晋　江	Jinjiang	29864112	32074335	207844	223117	18252704	19729128
南　安	Nan'an	15363641	16460528	334433	346802	9191525	9883109
云　霄	Yunxiao	2367468	2697049	448187	580243	937623	1042750
漳　浦	Zhangpu	5836090	6696719	978392	1047100	2231545	2666577
诏　安	Zhao'an	3282680	3500460	621371	609105	1649095	1767853
东　山	Dongshan	2044024	2494252	416227	493418	719371	985493
龙　海	Longhai	12657788	14324931	808671	753669	7908831	9091628
霞　浦	Xiapu	3102157	3536959	808376	854032	930354	1272618
福　安	Fu'an	6804126	7611120	577343	622878	4303938	4858166
福　鼎	Fuding	4542448	5038810	693241	759844	2325964	2736774

9-6 续表3 continued

沿海县 Coastal County		地区生产总值 Gross Domestic Product		第一产业增加值 Value-added of Primary Industry		第二产业增加值 Value-added of Secondary Industry	
		2021	2022	2021	2022	2021	2022
山 东	**Shandong**	**123846391**	**131195284**	**13113034**	**13269826**	**54566755**	**57710129**
胶 州	Jiaozhou	14562700	15410900	639400	659800	7079000	7401600
即 墨	Jimo	14525185	15133277	850700	887187	7376000	7604919
垦 利	Kenli	3170232	3475531	359897	381110	1729802	1941754
利 津	Lijin	2806422	3026959	401089	420504	1356314	1569237
广 饶	Guangrao	7325130	7817071	545583	577059	4657992	5046381
龙 口	Longkou	12366387	13823247	406813	434803	6009756	6791891
莱 阳	Laiyang	4792048	5099972	620428	645793	1962681	2151719
莱 州	Laizhou	7013134	7707063	933138	934724	3068415	3539428
蓬 莱	Penglai	4897215	5269166	1077206	1158643	1376373	1531748
招 远	Zhaoyuan	7494248	8433146	550075	575752	2834978	3384107
海 阳	Haiyang	4595824	4976943	910963	637289	1562012	644450
寿 光	Shouguang	9535800	10020783	1269200	1315618	3993600	4358500
昌 邑	Changyi	5278600	5544739	597400	617085	2221300	2387400
文 登	Wendeng	6314700	5937900	769900	798200	2722600	2367300
荣 成	Rongcheng	10214300	10305900	1611300	1581900	3128200	3357300
乳 山	Rushan	3287900	3218300	624500	658800	1070100	956400
无 棣	Wudi	3881194	4126295	493269	517459	1886362	2095276
沾 化	Zhanhua	1785372	1868092	452173	468100	531270	580719
广 东	**Guangdong**	**91864658**	**95486767**	**15114633**	**16305463**	**37644003**	**39472461**
斗 门	Doumen	4680273	5012663	403510	446179	2203177	2526468
潮 阳	Chaoyang	5293243	5347707	323219	349967	3050517	3018195
澄 海	Chenghai	4866848	5132830	417989	467828	2543898	2710247
南 澳	Nan’ao	347258	359333	119714	123552	55868	58064
新 会	Xinhui	8961376	9516288	572325	663061	4618127	4846726
台 山	Taishan	5032292	5165007	1087399	1133519	2017143	2038593
恩 平	Enping	2057226	2176773	321104	366803	568237	620260
遂 溪	Suixi	4154832	4266102	1415467	1547252	910773	924939
徐 闻	Xuwen	2135899	2292737	1062678	1160338	212885	242416

9-6 续表4 continued

沿海县 Coastal County		地区生产总值 Gross Domestic Product		第一产业增加值 Value-added of Primary Industry		第二产业增加值 Value-added of Secondary Industry	
		2021	2022	2021	2022	2021	2022
廉 江	Lianjiang	5161572	5331386	1340719	1388222	1663934	1803282
雷 州	Leizhou	3541226	3672783	1452817	1536384	407940	443084
吴 川	Wuchuan	3044127	2981980	375624	378735	963011	965736
电 白	Dianbai	7668349	8124972	1568373	1653980	2700073	3025802
惠 东	Huidong	7108695	7417710	656008	807357	2695993	2883517
海 丰	Haifeng	4061425	4268150	427916	448056	1869549	1960391
陆 丰	Lufeng	4185235	4122420	777478	830396	1701022	1452616
阳 西	Yangxi	2440868	2560248	651261	687259	823854	851890
阳 东	Yangdong	3436011	3414439	576638	589149	1792505	1787818
饶 平	Raoping	3244356	3425810	782966	859853	1100295	1152269
惠 来	Huilai	2939483	2862813	572567	629420	977323	807384
惠 阳	Huiyang	7504064	8034616	208861	238153	4767879	5352764
广 西	**Guangxi**	**4324265**	**4302997**	**1393390**	**1470814**	**994095**	**893515**
合 浦	Hepu	3514262	3508661	1173927	1242005	868467	790900
东 兴	Dongxing	810003	794336	219463	228809	125628	102615
海 南	**Hainan**	**23027660**	**24845675**	**7792951**	**8889353**	**4656656**	**4991061**
琼 海	Qionghai	3378745	3569448	1115935	1257238	442338	465609
文 昌	Wenchang	3087284	3439856	1041751	1243571	692071	781855
万 宁	Wanning	2760308	2987500	810377	954200	665859	749200
东 方	Dongfang	2150305	2313401	567721	652630	801321	849779
澄 迈	Chengmai	4008100	4446437	975027	1137108	789362	849076
临 高	Lingao	2229134	2310084	1386255	1448765	109553	116169
昌 江	Changjiang	1437368	1510869	372437	423773	598366	604330
乐 东	Ledong	1742515	1950718	947019	1103657	216918	245812
陵 水	Lingshui	2233901	2317362	576429	668411	340868	329231

9-6 续表5 continued

沿海县 Coastal County		第三产业增加值 Value-added of Tertiary Industry		公共财政收入 Public Revenue of Local Governments		公共财政支出 Public Expenditure of Local Governments	
		2021	2022	2021	2022	2021	2022
合 计	**Total**	**311568216**	**330434369**	**46917490**	**45455941**	**81479379**	**89134068**
河 北	**Hebei**	**12756088**	**15308085**	**1419681**	**2763098**	**2732254**	**4342815**
丰 南	Fengnan	3140835	3715609	492013	390261	709867	623643
曹妃甸	Caofeidian	3356009	3774900	860297	1032952	1034850	1147596
滦 南	Luannan	1179924	1236910	162036	176224	403962	462902
乐 亭	Laoting	1285293	1348154	200260	143900	396527	399649
昌 黎	Changli	1183967	1226021	203339	182692	368186	386972
抚 宁	Funing	628032	669667	79653	84120	180583	242316
黄 骅	Huanghua	1630522	2972254	224666	689293	493800	857202
海 兴	Haixing	351506	364570	57714	63656	179329	222535
辽 宁	**Liaoning**	**11353135**	**11669964**	**2199401**	**2014847**	**4453985**	**4636103**
长 海	Changhai	325674	341226	43617	48031	98476	119738
瓦房店	Wafangdian	3346985	3434500	694964	590558	944366	943318
庄 河	Zhuanghe	2121183	2151162	490598	615424	753260	745820
东 港	Donggang	1024083	1066116	168809	173813	406011	498900
凌 海	Linghai	708977	731831	169287	124880	335801	386276
盖 州	Gaizhou	762028	788227	100710	84633	463609	435497
大 洼	Dawa	1019609	1116695	110454	91784	334346	353860
盘 山	Panshan	518989	501849	182252	85165	239571	350568
绥 中	Suizhong	768542	765660	120550	99901	452600	385639
兴 城	Xingcheng	757065	772698	118160	100658	425945	416487

9-6 续表6 continued

沿海县 Coastal County		第三产业增加值 Value-added of Tertiary Industry		公共财政收入 Public Revenue of Local Governments		公共财政支出 Public Expenditure of Local Governments	
		2021	2022	2021	2022	2021	2022
江　苏	**Jiangsu**	**54172900**	**56088200**	**6766320**	**6019940**	**14232813**	**14545448**
通　州	Tongzhou	7118000	7200900	904443	752222	1437241	1518331
海　安	Hai'an	5411000	5467400	695021	660203	1394200	1404585
如　东	Rudong	5434000	5756400	685029	527214	1463782	1539440
启　东	Qidong	6003000	6123000	778054	671570	1182203	1262612
海　门	Haimen	7270000	7461100	790054	561652	1343210	1274411
赣　榆	Ganyu	2908400	3007700	348070	334903	898481	917898
灌　云	Guanyun	1894200	1971100	253288	237754	716964	692260
灌　南	Guannan	1716600	1790500	271925	236147	608689	579008
响　水	Xiangshui	1844600	1946000	253032	253463	728053	700605
滨　海	Binhai	2612800	2783900	265628	289589	1000513	1107474
射　阳	Sheyang	3115100	3310200	338718	307600	1030899	1012447
东　台	Dongtai	4895800	5115200	602592	606007	1277968	1398148
大　丰	Dafeng	3949400	4154800	580466	581616	1150610	1138229
浙　江	**Zhejiang**	**65748920**	**70732516**	**12665151**	**11724291**	**17816261**	**19461209**
象　山	Xiangshan	3030406	3478418	578878	608166	891421	1016696
宁　海	Ninghai	3600294	4097195	686638	624665	934833	1024918
余　姚	Yuyao	5055912	5615624	1297227	1207431	1425209	1489567
慈　溪	Cixi	8628863	9242256	2252655	2047306	2465089	2508550
奉　化	Fenghua	2908169	3239344	741827	692970	943901	1073185
洞　头	Dongtou	676899	755000	196259	173125	441169	482484
平　阳	Pingyang	2882382	3070828	420003	367406	939778	906311
苍　南	Cangnan	2194658	2334701	301837	302661	853758	893166
瑞　安	Rui'an	5884093	6260719	842459	660057	1209833	1381805
龙　港	Longgang	1719393	1950936	200334	229129	322848	380072
乐　清	Yueqing	7390558	7940900	970089	834679	1294763	1310793
海　盐	Haiyan	2376500	2466621	628300	623726	806403	875482
平　湖	Pinghu	3441380	3572167	965800	807227	1049743	1202117

9-6 续表7 continued

沿海县 Coastal County		第三产业增加值 Value-added of Tertiary Industry		公共财政收入 Public Revenue of Local Governments		公共财政支出 Public Expenditure of Local Governments	
		2021	2022	2021	2022	2021	2022
岱 山	Daishan	1018656	1082766	203051	200134	508439	590725
嵊 泗	Shengsi	607622	631875	88092	86706	307429	373452
玉 环	Yuhuan	2903252	2952843	526318	503800	767709	789933
三 门	Sanmen	1284240	1378361	301384	320589	548226	748942
温 岭	Wenling	6120354	6430785	803800	813380	1046026	1187032
临 海	Linhai	4025289	4231177	660200	621134	1059684	1225979
福 建	**Fujian**	**59749714**	**65288719**	**7898366**	**7802360**	**10967585**	**12757766**
连 江	Lianjiang	2450779	2746910	365767	336899	760708	756731
罗 源	Luoyuan	1197425	1333782	118489	117647	250678	285402
平 潭	Pingtan	2174453	2322457	549251	235611	853167	701946
福 清	Fuqing	6247877	6995730	1047928	1172052	1263551	1403672
长 乐	Changle	3831780	4240677	623831	680510	833458	880835
仙 游	Xianyou	2605590	2838406	267164	296457	548436	658378
惠 安	Hui'an	4041385	4522361	575598	623191	761038	891985
石 狮	Shishi	5680926	6177537	401419	436207	483274	618421
晋 江	Jinjiang	11403564	12122090	1462000	1508800	1247671	1761128
南 安	Nan'an	5837683	6230617	586200	682192	923609	970370
云 霄	Yunxiao	981658	1074056	95219	91359	253816	314279
漳 浦	Zhangpu	2626153	2983042	366346	181803	562539	737817
诏 安	Zhao'an	1012214	1123502	77643	58487	289683	292719
东 山	Dongshan	908426	1015341	113640	162738	218450	326877
龙 海	Longhai	3940286	4479634	516572	496343	403449	641769
霞 浦	Xiapu	1363427	1410309	134134	87431	421937	467536
福 安	Fu'an	1922845	2130076	363022	395648	483856	581509
福 鼎	Fuding	1523243	1542192	234143	238985	408265	466392

9-6 续表8 continued

沿海县 Coastal County		第三产业增加值 Value-added of Tertiary Industry		公共财政收入 Public Revenue of Local Governments		公共财政支出 Public Expenditure of Local Governments	
		2021	2022	2021	2022	2021	2022
山　东	**Shandong**	**56166603**	**58734112**	**9605802**	**9210890**	**11729701**	**12941533**
胶　州	Jiaozhou	6844300	7349500	1152567	1129809	1294948	1395272
即　墨	Jimo	6298485	6641172	1160170	995479	1278462	1329000
垦　利	Kenli	1080533	1152667	291853	300538	257310	386620
利　津	Lijin	1049019	1037218	206350	246166	315666	344434
广　饶	Guangrao	2121556	2193631	532047	556652	543653	644416
龙　口	Longkou	5949818	6596553	1120055	1137563	1094808	1147551
莱　阳	Laiyang	2208939	2302460	246757	243624	475711	402849
莱　州	Laizhou	3011581	3232911	415136	424884	490365	577530
蓬　莱	Penglai	2443636	2578775	367346	373454	444887	622039
招　远	Zhaoyuan	4109195	4473287	466000	473712	521439	665857
海　阳	Haiyang	2122849	2213986	311417	300120	443307	456963
寿　光	Shouguang	4273000	4346665	1033304	982764	1241486	1275802
昌　邑	Changyi	2459900	2540254	376143	371645	563285	463730
文　登	Wendeng	2822200	2772400	467594	403359	535868	744959
荣　成	Rongcheng	5474800	5366700	662368	545175	1055211	1259687
乳　山	Rushan	1593300	1603100	257597	217561	362842	374212
无　棣	Wudi	1501563	1513560	376737	345793	513361	517816
沾　化	Zhanhua	801929	819273	162361	162592	297092	332796
广　东	**Guangdong**	**39106023**	**39708844**	**4345325**	**4179385**	**13544936**	**13893427**
斗　门	Doumen	2073586	2040016	353948	230724	697185	734293
潮　阳	Chaoyang	1919508	1979545	184395	163077	749796	706067
澄　海	Chenghai	1904960	1954755	163977	161629	418293	460046
南　澳	Nan’ao	171676	177717	24117	12814	138437	126057
新　会	Xinhui	3770925	4006501	585627	546809	977310	834111
台　山	Taishan	1927750	1992895	356698	355166	771886	834627
恩　平	Enping	1167885	1189710	138899	134418	400959	410785
遂　溪	Suixi	1828592	1793911	93057	57031	478683	530282
徐　闻	Xuwen	860336	889983	140448	61403	486422	474107

9-6 续表9 continued

沿海县 Coastal County		第三产业增加值 Value-added of Tertiary Industry		公共财政收入 Public Revenue of Local Governments		公共财政支出 Public Expenditure of Local Governments	
		2021	2022	2021	2022	2021	2022
廉　江	Lianjiang	2156919	2139882	175281	169956	830450	836460
雷　州	Leizhou	1680469	1693315	95504	88140	725211	721195
吴　川	Wuchuan	1705493	1637509	150060	88739	545034	526433
电　白	Dianbai	3399903	3445190	268787	277424	1030733	1119373
惠　东	Huidong	3756694	3726837	314662	405813	877449	900812
海　丰	Haifeng	1763960	1859703	122776	135867	627340	695419
陆　丰	Lufeng	1706735	1839408	101735	114400	909064	943778
阳　西	Yangxi	965753	1021099	94930	136050	363550	392631
阳　东	Yangdong	1066868	1037472	155386	174944	405053	440680
饶　平	Raoping	1361095	1413688	92638	89199	666341	632471
惠　来	Huilai	1389593	1426009	89572	91725	609857	702791
惠　阳	Huiyang	2527323	2443699	642828	684057	835883	871009
广　西	**Guangxi**	**1936780**	**1938668**	**193736**	**157111**	**818542**	**832082**
合　浦	Hepu	1471868	1475756	139523	135340	551489	579036
东　兴	Dongxing	464912	462912	54213	21771	267053	253046
海　南	**Hainan**	**10578053**	**10965261**	**1823708**	**1584019**	**5183302**	**5723685**
琼　海	Qionghai	1820472	1846601	128100	100346	496378	546429
文　昌	Wenchang	1353462	1414430	144208	158999	649979	690093
万　宁	Wanning	1284072	1284100	156745	127700	500984	602659
东　方	Dongfang	781263	810992	107674	95257	399676	493406
澄　迈	Chengmai	2243711	2460253	631047	641693	965016	1266831
临　高	Lingao	733326	745150	41785	48066	361350	449135
昌　江	Changjiang	466565	482766	174684	151871	397007	396510
乐　东	Ledong	578578	601249	80564	56992	495613	429685
陵　水	Lingshui	1316604	1319720	358901	203095	917299	848937

9-7 沿海地区一般公共预算收入与支出（2022年）
General Public Budget Revenue and Expenditure by Coastal Regions (2022)

单位：亿元　　(100 million yuan)

地　区 Region	地方一般公共预算收入 General Public Budget Revenue	地方一般公共预算支出 General Public Budget Expenditure
合　计 **Total**	**59559.4**	**98952.8**
天　津 Tianjin	1846.7	2729.8
河　北 Hebei	4056.3	9305.6
辽　宁 Liaoning	2525.1	6261.4
上　海 Shanghai	7608.2	9393.2
江　苏 Jiangsu	9258.9	14901.4
浙　江 Zhejiang	8039.9	12017.8
福　建 Fujian	3339.2	5691.2
山　东 Shandong	7104.1	12128.6
广　东 Guangdong	13260.9	18533.1
广　西 Guangxi	1687.7	5893.3
海　南 Hainan	832.4	2097.4

9-8 沿海地区教育基本情况（2022年）
Basic Conditions of Education by Coastal Regions (2022)

地 区 Region	普通、职业高等学校数 （所） Number of Regular and Vocational Higher Education Institutions (unit)	普通、职业本专科 在校学生数 （人） Number of Enrollment in Normal and Short-cycle Courses in Regular and Vocational Higher Education Institutions (person)	普通、职业本专科 毕业生数 （人） Number of Students Graduated in Normal and Short-cycle Courses in Regular and Vocational Higher Education Institutions (person)
全国总计 National Total	**2760**	**36594175**	**9672565**
天 津 Tianjin	56	594505	155972
河 北 Hebei	124	1773693	488044
辽 宁 Liaoning	114	1180201	318591
上 海 Shanghai	64	554807	147299
江 苏 Jiangsu	168	2219114	573573
浙 江 Zhejiang	109	1253265	346264
福 建 Fujian	89	1076050	280932
山 东 Shandong	153	2527073	734267
广 东 Guangdong	161	2670913	633760
广 西 Guangxi	85	1407503	361942
海 南 Hainan	21	258146	68865

9-9 沿海地区卫生基本情况（2022年）
Basic Conditions of Public Health by Coastal Regions (2022)

地 区 Region	医疗卫生机构数 （个） Health Care Institutions (unit)	医疗卫生机构床位数 （万张） Number of Beds in Health Care Institutions (10000 beds)	卫生人员 （人） Number of Employed Persons in Health Care Institutions (person)
全国总计 **National Total**	**1032918**	**975.0**	**14410844**
天 津 Tianjin	6282	6.9	154995
河 北 Hebei	90194	48.6	732878
辽 宁 Liaoning	32679	32.6	425459
上 海 Shanghai	6404	16.5	288355
江 苏 Jiangsu	37001	56.3	875278
浙 江 Zhejiang	35967	38.2	731748
福 建 Fujian	29116	23.2	379562
山 东 Shandong	86026	69.4	1078756
广 东 Guangdong	59531	60.8	1109644
广 西 Guangxi	34500	34.2	517122
海 南 Hainan	6384	6.1	102276

9-10 沿海地区电力消费量
Electricity Consumption by Coastal Regions

单位：亿千瓦·时 (100 million kW·h)

地 区 Region	2020	2021	2022
天 津 Tianjin	875	982	991
河 北 Hebei	3934	4294	4344
辽 宁 Liaoning	2423	2576	2551
上 海 Shanghai	1576	1750	1746
江 苏 Jiangsu	6374	7101	7400
浙 江 Zhejiang	4830	5514	5799
福 建 Fujian	2483	2837	2900
山 东 Shandong	6940	7383	7559
广 东 Guangdong	6926	7867	7870
广 西 Guangxi	2029	2238	2217
海 南 Hainan	363	405	415

9-11 沿海地区供水用水情况（2022年）
Water Supply and Water Use by Coastal Regions (2022)

地 区 Region	供水总量 （亿立方米） Water Supply (100 million m^3)	人均用水量 （立方米/人） Per Capita Water Use (m^3/person)
全国总计 National Total	**5998.2**	**424.7**
天 津 Tianjin	33.6	245.6
河 北 Hebei	182.4	245.4
辽 宁 Liaoning	126.0	299.1
上 海 Shanghai	105.7	425.9
江 苏 Jiangsu	611.8	718.9
浙 江 Zhejiang	167.8	255.9
福 建 Fujian	167.9	401.0
山 东 Shandong	217.0	213.4
广 东 Guangdong	401.7	317.0
广 西 Guangxi	264.0	523.6
海 南 Hainan	45.6	445.5

9-12 沿海地区固定资产投资（不含农户）增长情况（2022年）

Growth Rate of Total Investment (Excluding Rural Households) over Preceding Year by Coastal Regions (2022)

(%)

地区 Region	全部投资 Total Investment	#基础设施 Infrastructure	制造业 Manufacturing
全国 National Average	**5.1**	**9.4**	**9.1**
天津 Tianjin	-9.9	11.9	-1.2
河北 Hebei	7.9	-0.4	13.4
辽宁 Liaoning	3.6	55.2	1.0
上海 Shanghai	-1.0	-8.2	2.1
江苏 Jiangsu	3.8	8.0	8.8
浙江 Zhejiang	9.1	4.4	17.0
福建 Fujian	7.5	17.2	19.7
山东 Shandong	6.0	-6.0	13.1
广东 Guangdong	-2.6	2.6	12.2
广西 Guangxi	0.1	10.2	26.2
海南 Hainan	-4.2	4.3	21.1

9-13 沿海地区按收发货人所在地分货物进出口总额（2022年）
Total Value of Imports and Exports by Location of Importers/Exporters of Coastal Regions (2022)

单位：亿美元 (USD 100 million)

地 区 Region	进出口 Total	出口 Exports	进口 Imports
全国总计 **National Total**	**62701.1**	**35605.4**	**27095.7**
天 津 Tianjin	1246.1	560.8	685.3
河 北 Hebei	823.9	492.8	331.1
辽 宁 Liaoning	1186.6	536.9	649.6
上 海 Shanghai	6258.1	2558.5	3699.6
江 苏 Jiangsu	8143.1	5193.2	2949.9
浙 江 Zhejiang	7033.0	5159.1	1873.9
福 建 Fujian	2973.9	1820.5	1153.4
山 东 Shandong	4828.6	2883.6	1945.0
广 东 Guangdong	12455.0	7990.5	4464.5
广 西 Guangxi	960.0	529.6	430.4
海 南 Hainan	300.2	107.3	192.9

9-14 沿海地区城镇居民人均可支配收入和人均消费支出（2022年）

Per Capita Disposable Income and Consumption Expenditure of Urban Households by Coastal Regions (2022)

单位：元 (yuan)

地 区 Region	可支配收入 Disposable Income	#工资性收入 Income from Wages and Salaries	消费支出 Consumption Expenditure
全 国 National Average	**49282.9**	**29577.9**	**30390.8**
天 津 Tianjin	53003.2	34001.8	33823.6
河 北 Hebei	41277.7	25389.8	25071.3
辽 宁 Liaoning	44002.6	25432.8	26652.2
上 海 Shanghai	84034.0	51637.3	48110.5
江 苏 Jiangsu	60178.1	34951.9	37795.7
浙 江 Zhejiang	71267.9	39718.1	44511.2
福 建 Fujian	53817.1	33490.6	35692.1
山 东 Shandong	49049.7	29139.1	28555.2
广 东 Guangdong	56905.3	40017.6	36936.2
广 西 Guangxi	39703.0	21320.9	22438.1
海 南 Hainan	40117.5	24344.6	26417.6

9-15 沿海地区农村居民人均可支配收入和人均消费支出（2022年）

Per Capita Disposable Income and Consumption Expenditure of Rural Households by Coastal Regions (2022)

单位：元 (yuan)

地区 Region	可支配收入 Disposable Income	#工资性收入 Income from Wages and Salaries	消费支出 Consumption Expenditure
全国 National Average	**20132.8**	**8449.2**	**16632.1**
天津 Tianjin	29017.8	16278.3	18934.2
河北 Hebei	19364.2	10107.8	16270.6
辽宁 Liaoning	19908.0	7441.8	14326.1
上海 Shanghai	39729.4	24644.2	27430.3
江苏 Jiangsu	28486.5	13977.0	22596.9
浙江 Zhejiang	37565.0	22687.3	27483.4
福建 Fujian	24986.6	11360.9	20466.5
山东 Shandong	22109.9	11045.9	14686.7
广东 Guangdong	23597.8	13560.2	20800.0
广西 Guangxi	17432.7	5921.9	14657.7
海南 Hainan	19117.4	7764.8	15145.5

9-16 沿海地区年末人口数
Population at Year-end by Coastal Regions

单位：万人　　　　　　　　　　　　　　　　　　　　　(10000 persons)

地　区 Region	2020	2021	2022
全国总计 National Total	**141212**	**141260**	**141175**
天　津 Tianjin	1387	1373	1363
河　北 Hebei	7464	7448	7420
辽　宁 Liaoning	4255	4229	4197
上　海 Shanghai	2488	2489	2475
江　苏 Jiangsu	8477	8505	8515
浙　江 Zhejiang	6468	6540	6577
福　建 Fujian	4161	4187	4188
山　东 Shandong	10165	10170	10163
广　东 Guangdong	12624	12684	12657
广　西 Guangxi	5019	5037	5047
海　南 Hainan	1012	1020	1027

9-17 沿海城市年末户籍人口
Population with Residence Registration at Year-end of Coastal Cities

单位：万人　(10000 persons)

沿海城市	Coastal City	2020	2021	2022
合　计	**Total**	**25328.8**	**25537.9**	**25665.3**
天　津	**Tianjin**	**1130.7**	**1151.6**	**1161.3**
河　北	**Hebei**	**1834.6**	**1832.1**	**1832.1**
唐　山	Tangshan	752.1	751.2	750.7
秦皇岛	Qinhuangdao	300.2	300.3	300.0
沧　州	Cangzhou	782.4	780.7	781.4
辽　宁	**Liaoning**	**1752.5**	**1749.2**	**1748.6**
大　连	Dalian	601.6	603.6	608.7
丹　东	Dandong	230.7	229.1	227.3
锦　州	Jinzhou	289.3	287.6	286.1
营　口	Yingkou	229.2	228.1	226.9
盘　锦	Panjin	129.3	129.3	129.3
葫芦岛	Huludao	272.4	271.4	270.3
上　海	**Shanghai**	**1475.6**	**1492.9**	**1503.8**
江　苏	**Jiangsu**	**2105.0**	**2088.7**	**2074.9**
南　通	Nantong	756.1	751.7	746.7
连云港	Lianyungang	534.5	533.2	531.4
盐　城	Yancheng	814.5	803.8	796.8

注：数据来源于历年《中国人口和就业统计年鉴》；各沿海地区数据为沿海城市合计数。

Note: The data come from the *China Population & Emploment Statistical Yearbook* over the years. The data for coastal regions are the total of coastal cities.

9-17 续表1 continued

沿海城市 Coastal City		2020	2021	2022
浙　江	**Zhejiang**	**2518.0**	**2524.6**	**2527.9**
宁　波	Ningbo	613.7	618.3	621.1
温　州	Wenzhou	833.7	832.8	831.8
嘉　兴	Jiaxing	367.4	371.8	374.8
舟　山	Zhoushan	96.2	95.7	95.2
台　州	Taizhou	607.0	605.9	605.0
福　建	**Fujian**	**2999.3**	**3024.9**	**3045.4**
福　州	Fuzhou	715.4	723.4	728.8
厦　门	Xiamen	272.1	281.7	293.0
莆　田	Putian	365.5	366.7	367.3
泉　州	Quanzhou	766.1	771.3	773.8
漳　州	Zhangzhou	524.0	526.2	527.2
宁　德	Ningde	356.1	355.7	355.2
山　东	**Shandong**	**3568.9**	**3577.6**	**3569.4**
青　岛	Qingdao	836.8	846.2	851.3
东　营	Dongying	198.0	198.3	197.8
烟　台	Yantai	651.9	649.3	644.7
潍　坊	Weifang	919.0	920.3	917.8
威　海	Weihai	256.6	256.5	255.3
日　照	Rizhao	309.0	309.6	307.9
滨　州	Binzhou	397.5	397.4	394.6

9-17 续表2 continued

沿海城市 Coastal City		2020	2021	2022
广 东	**Guangdong**	**6874.7**	**7000.6**	**7093.7**
广 州	Guangzhou	985.1	1011.5	1034.9
深 圳	Shenzhen	584.6	627.9	654.7
珠 海	Zhuhai	139.2	147.8	155.0
汕 头	Shantou	575.6	577.7	578.8
江 门	Jiangmen	401.6	402.9	403.4
湛 江	Zhanjiang	859.6	865.6	869.3
茂 名	Maoming	823.3	828.8	826.0
惠 州	Huizhou	397.8	405.9	415.8
汕 尾	Shanwei	364.1	364.5	364.5
阳 江	Yangjiang	302.0	302.7	303.2
东 莞	Dongguan	263.9	278.6	292.5
中 山	Zhongshan	190.9	198.7	208.1
潮 州	Chaozhou	275.9	275.4	274.8
揭 阳	Jieyang	711.2	712.6	712.7
广 西	**Guangxi**	**700.8**	**704.1**	**706.1**
北 海	Beihai	181.6	182.7	183.4
防城港	Fangchenggang	101.3	101.9	102.3
钦 州	Qinzhou	417.9	419.5	420.4
海 南	**Hainan**	**368.6**	**391.7**	**402.1**
海 口	Haikou	195.0	213.6	221.1
三 亚	Sanya	66.9	71.1	73.1
三 沙	Sansha	0.1	0.1	0.1
儋 州	Danzhou	106.6	106.9	107.8

9-18 沿海县户籍总人口
Total Population of Household Registration of Coastal Counties

单位：万人 (10000 persons)

沿海县 Coastal County		2020	2021	2022
合　计	**Total**	**8780**	**8778**	**8711**
河　北	**Hebei**	**332**	**333**	**331**
丰　南	Fengnan	54	54	53
曹妃甸	Caofeidian	21	22	22
滦　南	Luannan	56	56	56
乐　亭	Laoting	44	44	44
昌　黎	Changli	52	52	51
抚　宁	Funing	34	34	33
黄　骅	Huanghua	48	48	49
海　兴	Haixing	23	23	23
辽　宁	**Liaoning**	**547**	**544**	**540**
长　海	Changhai	7	7	7
瓦房店	Wafangdian	97	96	95
庄　河	Zhuanghe	87	86	86
东　港	Donggang	59	58	58
凌　海	Linghai	49	49	48
盖　州	Gaizhou	67	67	66
大　洼	Dawa	39	39	39
盘　山	Panshan	27	27	27
绥　中	Suizhong	63	63	62
兴　城	Xingcheng	52	52	52

注：数据来源于《中国县域统计年鉴2023》；各沿海地区数据为沿海县合计数。

Note: The data come from the *China Statistical Yearbook (County-level) 2023* .
The data for coastal regions are the total of coastal counties.

9-18 续表1 continued

沿海县 Coastal County		2020	2021	2022
江　苏	**Jiangsu**	**1284**	**1272**	**1262**
通　州	Tongzhou	125	125	124
海　安	Hai'an	91	91	90
如　东	Rudong	100	99	98
启　东	Qidong	110	109	108
海　门	Haimen	99	98	98
赣　榆	Ganyu	120	119	118
灌　云	Guanyun	103	102	101
灌　南	Guannan	82	81	81
响　水	Xiangshui	62	61	61
滨　海	Binhai	121	119	118
射　阳	Sheyang	94	93	92
东　台	Dongtai	107	106	104
大　丰	Dafeng	70	69	69
浙　江	**Zhejiang**	**1295**	**1297**	**1291**
象　山	Xiangshan	54	54	54
宁　海	Ninghai	63	63	63
余　姚	Yuyao	83	83	83
慈　溪	Cixi	106	107	107
奉　化	Fenghua	48	48	48
洞　头	Dongtou	16	18	15
平　阳	Pingyang	88	88	88
苍　南	Cangnan	97	96	96
瑞　安	Rui'an	126	126	125
龙　港	Longgang	38	38	38
乐　清	Yueqing	132	132	131
海　盐	Haiyan	38	38	38
平　湖	Pinghu	51	51	52

9-18 续表2 continued

沿海县 Coastal County		2020	2021	2022
岱　山	Daishan	17	17	17
嵊　泗	Shengsi	7	7	7
玉　环	Yuhuan	44	44	44
三　门	Sanmen	45	45	44
温　岭	Wenling	122	122	121
临　海	Linhai	120	120	120
福　建	**Fujian**	**1412**	**1414**	**1414**
连　江	Lianjiang	68	68	68
罗　源	Luoyuan	27	27	27
平　潭	Pingtan	45	45	45
福　清	Fuqing	140	140	140
长　乐	Changle	77	77	77
仙　游	Xianyou	118	118	118
惠　安	Hui'an	106	106	106
石　狮	Shishi	36	37	37
晋　江	Jinjiang	121	123	125
南　安	Nan'an	167	167	166
云　霄	Yunxiao	47	47	47
漳　浦	Zhangpu	95	95	95
诏　安	Zhao'an	69	68	68
东　山	Dongshan	22	22	22
龙　海	Longhai	90	91	91
霞　浦	Xiapu	55	55	55
福　安	Fu'an	68	67	67
福　鼎	Fuding	61	61	60

9-18 续表3 continued

沿海县 Coastal County	2020	2021	2022
山　东　**Shandong**	**1144**	**1145**	**1137**
胶　州　Jiaozhou	87	88	88
即　墨　Jimo	119	119	119
垦　利　Kenli	24	24	24
利　津　Lijin	31	31	31
广　饶　Guangrao	53	54	53
龙　口　Longkou	63	63	63
莱　阳　Laiyang	84	84	82
莱　州　Laizhou	83	83	82
蓬　莱　Penglai	47	48	48
招　远　Zhaoyuan	56	55	55
海　阳　Haiyang	63	63	62
寿　光　Shouguang	111	111	111
昌　邑　Changyi	58	58	58
文　登　Wendeng	57	57	56
荣　成　Rongcheng	65	65	64
乳　山　Rushan	54	53	53
无　棣　Wudi	49	49	49
沾　化　Zhanhua	40	40	39
广　东　**Guangdong**	**2189**	**2198**	**2160**
斗　门　Doumen	41	43	45
潮　阳　Chaoyang	187	188	188
澄　海　Chenghai	79	79	79
南　澳　Nan'ao	8	8	8
新　会　Xinhui	77	77	77
台　山　Taishan	97	96	96
恩　平　Enping	50	50	50
遂　溪　Suixi	112	113	113
徐　闻　Xuwen	79	80	80

9-18 续表4 continued

沿海县 Coastal County	2020	2021	2022
廉　江 Lianjiang	186	187	188
雷　州 Leizhou	187	188	189
吴　川 Wuchuan	123	124	125
电　白 Dianbai	199	199	200
惠　东 Huidong	90	91	91
海　丰 Haifeng	78	78	78
陆　丰 Lufeng	191	191	191
阳　西 Yangxi	56	56	56
阳　东 Yangdong	52	52	52
饶　平 Raoping	106	106	105
惠　来 Huilai	149	149	149
惠　阳 Huiyang	42	44	45
广　西 **Guangxi**	**127**	**127**	**127**
东　兴 Dongxing	16	16	16
合　浦 Hepu	111	111	111
海　南 **Hainan**	**450**	**448**	**449**
琼　海 Qionghai	52	52	52
文　昌 Wenchang	60	60	60
万　宁 Wanning	63	63	63
东　方 Dongfang	47	46	47
澄　迈 Chengmai	58	57	57
临　高 Lingao	51	51	51
昌　江 Changjiang	26	25	25
乐　东 Ledong	54	55	55
陵　水 Lingshui	39	39	39

9-19 沿海地区就业人员数
Employed Persons by Coastal Regions

单位：万人 (10000 persons)

地 区 Region	2020	2021	2022
合 计 Total	**34527**	**34431**	**33815**
天 津 Tianjin	647	641	621
河 北 Hebei	3671	3643	3580
辽 宁 Liaoning	2231	2190	2122
上 海 Shanghai	1374	1365	1347
江 苏 Jiangsu	4893	4863	4805
浙 江 Zhejiang	3857	3897	3885
福 建 Fujian	2206	2197	2174
山 东 Shandong	5510	5475	5338
广 东 Guangdong	7039	7072	6904
广 西 Guangxi	2558	2544	2508
海 南 Hainan	541	544	531

注：数据来源于历年《中国统计年鉴》。

Note: The data come from the *China Statistical Yearbook* over the years.

9-20 沿海城市城镇非私营单位就业人员数
Employed Persons in Urban Units Excluding Private Units by Coastal Regions

单位：万人　　　　　　　　　　　　　　　　　　　　　　　　　　　　　　　　(10000 persons)

地　区 Region	2021	2022
合 计 Total	**8634**	**8457**
天 津 Tianjin	256	243
河 北 Hebei	566	561
辽 宁 Liaoning	458	444
上 海 Shanghai	683	672
江 苏 Jiangsu	1314	1283
浙 江 Zhejiang	1035	1041
福 建 Fujian	579	559
山 东 Shandong	1108	1082
广 东 Guangdong	2111	2067
广 西 Guangxi	410	396
海 南 Hainan	114	109

注：数据来源于历年《中国人口和就业统计年鉴》。

Note: The data come from the China Population & Emploment Statistical Yearbook over the years.

9-21 香港特别行政区社会经济部分统计资料
Statistics Data of Socioeconomy of Hong Kong Special Administrative Region

主要指标	2020	2021	2022
本地生产总值（亿美元） GRP (100 million USD)	3450	3689 ①	3598 ①
本地生产总值年增长率（%） Annual Growth Rate of GRP (%)	-6.5	6.4 ①	-3.5 ①
人均本地生产总值（美元） Per Capita GRP (USD)	46110	49760 ①	48980 ①
年中人口（万人） Mid-year Population (10000 persons)	748.1	741.3	734.6
就业人数（万人） Employed Persons (10000 persons)	369.1	367.0	361.3
保护区情况② Nature Reserves			
陆地保护区面积占陆地面积比重（%） Terrestrial Protected Areas (% of Total Land Area)			41.9
海洋保护区面积占领海面积比重（%） Marine Protected Areas (% of Territorial Waters)			
鱼类濒危物种（种）② Endangered Species of Fish (number)			15 ③
进出香港货物 Inward and Outward Movements of Cargo			
海运卸下（万吨） Discharged by Ocean (10000 t)	10357.7	9745.9	8466.4
海运装上（万吨） Loaded by Ocean (10000 t)	4559.7	5179.7	4532.4
访港旅客（万人次） Visitor Arrivals (10000 person-times)	356.9	9.1	60.5

注：①数字将于日后修订。
②数据来源于世界银行WDI数据库。
③2018年数据。

Note: ①Data are subject to revision later on.
②The data come from the *World Bank WDI Database*.
③Data for 2018.

9-22 澳门特别行政区社会经济部分统计资料
Statistics Data of Socioeconomy of Macao Special Administrative Region

主要指标	2020	2021	2022
本地生产总值（亿美元） GRP (100 million USD)	254.6 ①	301.2 ①	219.8
本地生产总值实际增长率（%） Growth Rate in Real Terms of GRP (%)	-54.2 ①	19.3 ①	-26.8
人均本地生产总值（美元） GRP Per Capita (USD)	37367 ①	44095 ①	32415
本地生产总值产业构成（%） Industrial Composition of GRP (%)			
第二产业 Secondary Industry	8.7	7.7	
第三产业 Tertiary Industry	91.3	92.3	
年中人口（万人） Mid-year Population	68.5	68.3	67.7
就业人口（万人） Employed Persons (10000 persons)	39.5	37.8	36.5
鱼类濒危物种（种）② Endangered Species of Fish (number)			9 ③
入境游客（万人次） Visitor Arrivals (10000 person-times)	590	771	570

注：①修订数字。
②数据来源于世界银行WDI数据库。
③2018年数据。

Note: ①Revised data.
②The data come from the *World Bank WDI Database*.
③Data for 2018.

9-23 台湾省社会经济部分统计资料
Statistics Data of Socioeconomy of Taiwan Province

主要指标	2020	2021	2022
本地生产总值（新台币亿元） GRP (NT$ 100 million)	199148	217390	227065
本地生产总值增长率（%） Growth Rate of GRP (%)	3.4	6.5	2.5
本地生产总值产业构成（%） Industrial Composition of GRP (%)			
第一产业 Primary Industry	1.6	1.4	1.4
第二产业 Secondary Industry	37.2	38.8	37.7
第三产业 Tertiary Industry	60.9	59.9	60.6
户籍登记人口（万人） Year-end Population (10000 persons)	2356.1	2337.5	2326.5
就业人数（万人） Employed Persons (10000 persons)	1150.4	1144.7	1141.8
渔业生产情况 Fishery Production			
捕捞产量（吨）① Capture Production (t)	605440.4	691101.3	614611.2
水产养殖产量（吨）① Aquaculture Production (t)	278503.2	274789.6	264251.9
鱼类产量（万吨）② Output of Total Fishes (10000 t)	72.0	76.1	
海域鱼类产量（万吨）② Marine Areas (10000 t)	61.7	59.3	
来台旅游人数（万人次） Inbound Tourists (10000 person-times)	137.8	14.0	89.6

注：①数据来源于联合国粮农组织《渔业和水产养殖统计年鉴2019》。
②数据来源于联合国FAO数据库。

Note: ①The data come from the FAO yearbook *Fishery and Aquaculture Statistics 2019.*
②The data come from the *FAO Database.*

主要统计指标解释

1. 国内生产总值(GDP)　指一个国家所有常住单位在一定时期内生产活动的最终成果。国内生产总值有三种表现形态，即价值形态、收入形态和产品形态。从价值形态看，它是所有常住单位在一定时期内生产的全部货物和服务价值与同期投入的全部非固定资产货物和服务价值的差额，即所有常住单位的增加值之和；从收入形态看，它是所有常住单位在一定时期内创造的各项收入之和，包括劳动者报酬、生产税净额、固定资产折旧和营业盈余；从产品形态看，它是所有常住单位在一定时期内最终使用的货物和服务价值与货物和服务净出口价值之和。在实际核算中，国内生产总值有三种计算方法，即生产法、收入法和支出法。三种方法分别从不同的方面反映国内生产总值及其构成。

对于一个地区来说，称为地区生产总值或地区 GDP。

2. 三次产业　三次产业的划分是世界上较为常用的产业结构分类，但各国的划分不尽一致。根据《国民经济行业分类》（GB/T 4754—2011）和《三次产业划分规定》，我国的三次产业划分是：

第一产业是指农、林、牧、渔业（不含农、林、牧、渔服务业）。

第二产业是指采矿业（不含开采辅助活动），制造业（不含金属制品、机械和设备修理业），电力、热力、燃气及水生产和供应业，建筑业。

第三产业即服务业，是指除第一产业、第二产业以外的其他行业。

3. 增加值　是指各行各业生产经营和劳务活动的最终成果，采用生产法和收入法两种方法计算。

生产法是从货物和服务活动在生产过程中形成的总产品入手，剔除生产过程中投入的中间产品价值，得到新增价值的方法。

收入法又称分配法。按收入法计算国内生产总值是从生产过程创造的收入的角度对常住单位的生产活动成果进行核算；按照此法计算，增加值由劳动者报酬、固定资产折旧、生产税净额和营业盈余四个部分组成。

4. 一般公共预算收入　指国家财政参与社会产品分配所取得的收入，是实现国家职能的财力保证。主要包括：（1）各项税收：包括国内增值税、国内消费税、进口货物增值税、进口消费品消费税、出口货物退增值税、出口消费品退消费税、企业所得税、个人所得税、资源税、城市维护建设税、房产税、印花税、城镇土地使用税、土地增值税、车船税、船舶吨税、车辆购置税、关税、耕地占用税、契税、烟叶税、环境保护税等。（2）非税收入：包括专项收入、行政事业性收费收入、罚没收入、国有资本经营收入、国有资源（资产）有偿使用收入和其他收入。财政收入按现行分税制财政体制划分为中央本级收入和地方本级收入。

5. 一般公共预算支出　指国家财政将筹集起来的资金进行分配使用，以满足经济建设和各项事业的需要。主要包括：一般公共服务、外交、国防、公共安全、教育、科学技术、文化旅游体育与传媒、社会保障和就业、卫生健康、节能环保、城乡社区、农林水、交通运输、资源勘探工业信息等、商业服务业等、金融、援助其他地区、自然资源海洋气象等、住房保障、粮油物资储备、灾害防治及应急管理、债务付息、债务发行费用等方面的支出。财政支出根据政府在经济和社会活动中的不同职权，划分为中央财政支出和地方财政支出。

6. 普通、职业高等学校 指国家依法审批的，实施高等学历教育的全日制大学、独立设置的学院、独立学院、本科层次职业学校、高等专科学校、高等职业学校及其他普通高教机构。

大学、独立设置的学院主要实施普通本科及本科层次以上的教育。独立学院主要实施普通本科层次的教育。本科层次职业学校主要实施本科层次职业教育。高等专科学校、高等职业学校实施专科层次的教育。其他普通高教机构是指承担国家普通招生计划任务不计校数的机构，包括普通高等学校分校、大专班等。

7. 医疗卫生机构 指从卫生健康行政部门取得《医疗机构执业许可证》，或从民政、工商行政、机构编制管理部门取得法人单位登记证书，为社会提供医疗保健、疾病控制、卫生监督服务或从事医学科研和医学在职培训等工作的单位。医疗卫生机构包括医院、基层医疗卫生机构、专业公共卫生机构、其他医疗卫生机构。

8. 供水总量 指各种水源提供的包括输水损失在内的水量之和。

9. 全社会固定资产投资 是以货币形式表现的在一定时期内全社会建造和购置固定资产的工作量以及与此有关费用的总称。该指标是反映固定资产投资规模、结构和发展速度的综合性指标。全社会固定资产投资按登记注册类型可分为国有、集体、联营、股份制、私营和个体、港澳台商、外商、其他等。

10. 固定资产投资（不含农户） 指城镇和农村各种登记注册类型的企业、事业、行政单位及城镇个体户进行的计划总投资 500 万元及以上的建设项目投资和房地产开发投资，包括原口径的城镇固定资产投资加上农村企事业组织项目投资，该口径自 2011 年起开始使用。

11. 货物进出口总额 指实际进出我国关境的货物总金额。包括对外贸易实际进出口货物，来料加工装配进出口货物，国家间、联合国及国际组织无偿援助物资和赠送品，华侨、港澳台同胞和外籍华人捐赠品，租赁期满归承租人所有的租赁货物，进料加工进出口货物，边境地方贸易及边境地区小额贸易进出口货物，中外合资企业、中外合作经营企业、外商独资经营企业进出口货物和公用物品，到、离岸价格在规定限额以上的进出口货样和广告品(无商业价值、无使用价值和免费提供出口的除外)，从保税仓库提取在中国境内销售的进口货物以及其他进出口货物。该指标可以观察一个国家在货物贸易方面的总规模。我国规定出口货物按离岸价格统计，进口货物按到岸价格统计。

12. 商品收发货人所在地进、出口额 指在所在地海关注册登记的有进出口经营权的企业实际进、出口额。

13. 人口数 指一定时点、一定地区范围内有生命的个人总和。

年度统计的年末人口数指每年 12 月 31 日 24 时的人口数。年度统计的全国人口总数内未包括香港、澳门特别行政区和台湾省以及海外华侨人数。

14. 就业人员 指年满 16 周岁，为取得报酬或经营利润，在调查周内从事了 1 小时（含 1 小时）以上劳动的人员；或由于在职学习、休假等原因在调查周内暂时未工作的人员；或由于停工、单位不景气等原因临时未工作的人员。

Explanatory Notes on Main Statistical Indicators

1. Gross Domestic Product (GDP) refers to the final products produced by all resident units in a country during a certain period of time. Gross domestic product is expressed in three different perspectives, namely value, income, and products respectively. GDP in its value perspective refers to the balance of total value of all goods and services produced by all resident units during a certain period of time, minus the total value of input of goods and services of the nature of non-fixed assets; in other words, it is the sum of the value-added of all resident units. GDP from the perspective of income refers to the sum of all kinds of revenue, including compensation of employees, net taxes on production, depreciation of fixed assets, and operating surplus. GDP from the perspective of products refers to the value of all goods and services for final demand by all resident units plus the net exports of goods and services during a given period of time. In the practice of national accounting, gross domestic product is calculated by three approaches, namely production approach, income approach and expenditure approach, which reflect gross domestic product and its composition from different angles.

For a region, it is called as gross regional product(GRP) or regional GDP.

2. Three Industries Classification of economic activities into three strata of industry is a common practice in the world, although the grouping varies to some extent from country to country. In China, according to Industrial Classification for National Economic Activities (GB/T 4754—2011) and Dividing Basis of Three Industries, economic activities are categorized into the following three strata of industry:

Primary industry refers to agriculture, forestry, animal husbandry and fishery industries (not including services in support of agriculture, forestry, animal husbandry and fishery industries).

Secondary industry refers to mining and quarrying(not including support activities for mining), manufacturing(not including repair service of metal products, machinery and equipment), production and supply of electricity, heat, gas and water, and construction.

Tertiary industry refers to all other economic activities not included in the primary or secondary industries.

3. Added Value refers to the final result of production, operation and labor activities of all trades and professions, which is calculated by using the production and income methods.

Production Method: refers to the method whereby to get the newly added value by proceeding from the gross product of goods and service activities occurring in the course of production and then rejecting the value of intermediate product input in the course of production.

Income Method: is also called the distribution method. The calculation of the gross domestic product (GDP) by the income method is the accounting of the result of productive activities of permanent units from the angle of the income created in the course of production. According to this method, the added value is composed of the payment for laborers, depreciation of fixed assets, net tax on production and business surplus.

4. General Public Budget Revenue refers to income for the government finance through participating in the distribution of social products. It is the financial guarantee to ensure government functioning. The government revenue includes the following main items: (1) Various tax revenues including domestic value added tax (VAT), domestic consumption tax, VAT from imports, consumption tax from imports, VAT rebate for exports, consumption tax rebate for exports, corporate income tax, individual income tax, resource tax, city maintenance and construction tax, house property tax, stamp tax, urban land use tax, land appreciation tax, tax on vehicles and boat operation, ship tonnage tax, vehicle purchase tax, tariffs, farm land occupation tax, deed tax, and tobacco tax, environment protection tax, etc. (2) Non-tax revenue, including special program receipts, charge income of administrative and institutional units, penalty receipts, operating income from government capital, income from use of state-owned resources (assets) and others non-tax receipts.

5. General Public Budget Expenditure refers to the distribution and use of the funds which the government finance has raised, so as to meet the needs of economic construction and various undertakings. It includes the following main items: expenditure for general public services, expenditure for foreign affairs, expenditure for national defence expenditure for public security, expenditure for education, expenditure for science and technology, expenditure for culture, tourism, sport and media, expenditure for social safety net and employment effort, expenditure for health care, expenditure for energy conservation and environment protection, expenditure for urban and rural community affairs, expenditure for agriculture, forestry and water conservancy, expenditure for transportation, expenditure for resource exploration and industrial information, expenditure for affairs of commerce and services, expenditure for finance, aid to other regions, expenditure for nature resources, ocean and weather, expenditure for housing security, expenditure for grain & oil reserves, expenditure for prevention of disasters and emergency management, interest payment for public debts, expenditure for issuing debts. General public budget expenditure is divided into general public budget expenditure of central government and general public budget expenditure of local government according to the different functions of the governments played in economic and social activities.

6. Regular and Vocational Higher Education Institutions refer to full-time universities, independently established schools, independent colleges, undergraduate level vocational schools, higher professional colleges, higher vocational colleges and other regular higher education institutions approved by the state according to law and implementing higher academic education.

Universities and independently established schools primarily provide normal courses at undergraduate and higher levels. Independent colleges mainly provide normal undergraduate courses. Undergraduate level vocational schools primarily provide undergraduate level vocational courses. Higher professional colleges and higher vocational colleges primarily provide undergraduate of short-cycle courses. Other regular higher education institutions refer to educational establishments, which are responsible for enrolling higher education students under the State Plan but not enumerated in the total number of schools, including: branch schools of regular higher education institutions and junior colleges.

7. Health Care Institutions refer to the units which have been qualified with the Certification of Health Care Institution, or qualified with the Certification of Corporate Unit by the civil affairs, administration for industry and commerce, and engaging in medical care services, disease control services, health supervision services, or medicine research and on-job training, etc., including: hospitals, health care institutions at grass-root level, specialized public health institutions, and other health care institutions.

8. Water Supply refers to gross water supplied by various sources, including losses during distribution

9. Total Investment in Fixed Assets in the Whole Country refers to the volume of activities in construction and purchases of fixed assets of the whole country and related fees, expressed in monetary terms during the reference period. It is a comprehensive indicator which shows the size, structure and growth of the investment in fixed assets, providing a basis for observing the progress of construction projects and evaluating results of investment. Total investment in fixed assets in the whole country by registration status includes: the investment by state-owned units, collective-owned units, joint ownership units, share-holding units, private units, individuals as well as investments by entrepreneurs from Hong Kong, Macao and Taiwan, foreign investors and others.

10. Investment in Fixed Assets (Excluding Rural Households) refers to the investment in construction projects with a total planned investment of 5 million yuan and above, carried out by enterprises of various ownerships, institutions, administrative units in both urban and rural areas, urban self-employed individuals, as well as investment in real estate development. Since 2011, it covers the urban investment in fixed assets under the previous statistical coverage and the investments by rural enterprises and institutions.

11. Total Import and Export of Goods refers to the real value of commodities imported and exported across the border of China. They include the actual imports and exports through foreign trade, imported and exported goods under the processing and assembling trades and materials, supplies and gifts as aid given gratis between governments and by the United Nations and other international organizations, and contributions donated by overseas Chinese, compatriots in Hong Kong and Macao and Chinese with foreign citizenship, leasing commodities owned by tenant at the expiration of leasing period, the imported and exported commodities processed with imported materials, commodities trading in border areas, the imported and exported commodities and articles for public use of the Sino-foreign joint ventures, cooperative enterprises and ventures with sole foreign investment. Also included import or export of samples and advertising goods for which CIF or FOB value are beyond the permitted ceiling (excluding goods of no trading or use value and free commodities for export), imported goods sold in China from bonded warehouses and other imported or exported goods. The indicator of the total imports and exports at customs can be used to observe the total size of external trade in a country. In accordance with the stipulation of the Chinese government, imports are calculated at CIF, while exports are calculated at FOB.

12. Import or Export Value by Location of China's Foreign Trade Managing Units refers to actual value of imports and exports carried out by corporations which have been registered by the local Customs house and are vested with right to run import export business.

13. Total Population refers to the total number of people alive at a certain point of time within a given area.

The annual statistics on total population is taken at midnight, the 31st of December, not including residents in Taiwan Province, Hong Kong and Macao and overseas Chinese.

14. Employed Persons refer to persons, aged 16 and over, who performed some work for compensation or business gains for one hour or more during the reference period; or persons who do not work for the reasons of study or on holiday; or persons who are temporarily absent from a job for disorganization or suspension of work, recession, etc.

10

世界海洋经济统计资料（部分）
World's Marine Economic Statistics Data (Part)

10-1 世界海洋面积（2010年）
World Ocean Area (2010)

区 域 Region	海洋面积 （平方千米） Ocean Area (km^2)	占世界海洋面积的比重 （%） Proportion in the World Ocean Area (%)	占地球表面面积的比重 （%） Proportion in the Earth's Surface Area (%)
合 计 **Total**	**361000000**	**100.0**	**70.8**
太平洋 Pacific Ocean	178334000	49.4	35.0
大西洋 Atlantic Ocean	91694000	25.4	18.0
印度洋 Indian Ocean	76171000	21.1	14.9
北冰洋 Arctic Ocean	14801000	4.1	2.9

注：数据来源于《国际统计年鉴2011》。

Note: The data come from the *International Statistical Yearbook 2011*.

10-2 主要沿海国家国土面积和人口（2022年）
Territory Area and Population of Major Coastal Countries (2022)

国　家 Country	国土面积① （万平方千米） Area of Territory (10000 km^2)	年中人口 （万人） Mid-year Population (10000 persons)	人口密度① （人/平方千米） Population Density (persons per km^2)
世界 World	**13467.1**	**795115.0**	**60.2**
中国 China	960.0	141217.5	149.7②
孟加拉国 Bangladesh	14.8	17118.6	1286.2
文莱 Brunei Darussalam	0.6	44.9	83.8
柬埔寨 Cambodia	18.1	1676.8	92.9
印度 India	298.0	141717.3	469.7
印度尼西亚 Indonesia	191.7	27550.1	144.8
伊朗 Iran	174.5	8855.1	53.8
以色列 Israel	2.2	955.1	425.8
日本 Japan	37.8	12512.5	346.4
韩国 R. O. Korea	10.0	5162.8	531.1
马来西亚 Malaysia	33.0	3393.8	101.1
缅甸 Myanmar	67.7	5417.9	81.9
巴基斯坦 Pakistan	79.6	23582.5	294.7
菲律宾 Philippines	30.0	11555.9	376.3
新加坡 Singapore	0.1	563.7	7919.0

注：数据来源于世界银行WDI数据库。
①2021年数据。
②不含港澳台地区数据。

Note: The data come from the *World Bank WDI Database.*
① Data for 2021.
② Not including the data of HongKong, Macao and Taiwan Regions of China.

10-2 续表 continued

国　家 Country	国土面积① （万平方千米） Area of Territory (10000 km^2)	年中人口 （万人） Mid-year Population (10000 persons)	人口密度① （人/平方千米） Population Density (persons per km^2)
斯里兰卡 Sri Lanka	6.6	2218.1	354.3
泰国 Thailand	51.3	7169.7	139.9
越南 Viet Nam	33.1	9818.7	308.4
埃及 Egypt	100.1	11099.0	108.0
尼日利亚 Nigeria	92.4	21854.1	228.7
南非 South Africa	121.9	5989.4	48.5
加拿大 Canada	988.0	3893.0	4.2
墨西哥 Mexico	196.4	12750.4	64.8
美国 United States	983.2	33328.8	36.2
阿根廷 Argentina	278.0	4623.5	16.6
巴西 Brazil	851.6	21531.3	25.5
委内瑞拉 Venezuela	91.2	2830.2	32.3
法国 France	54.9	6793.6	123.4
德国 Germany	35.8	8408.0	238.0
意大利 Italy	30.2	5885.7	201.0
荷兰 Netherlands	4.2	1770.3	518.0
波兰 Poland	31.3	3756.2	123.8
俄罗斯 Russia	1709.8	14355.6	8.8
西班牙 Spain	50.6	4761.5	94.8
土耳其 Turkey	78.5	8534.1	109.3
乌克兰 Ukraine	60.4	3800.0	76.2
英国 United Kingdom	24.4	6697.1	277.3
澳大利亚 Australia	774.1	2597.9	3.3
新西兰 New Zealand	26.8	512.4	19.3

10-3 主要沿海国家国内生产总值（2022年）
Gross Domestic Product of Major Coastal Countries (2022)

国　家 Country	国内生产总值 （亿美元） GDP (100 million USD)	人均国内生产总值 （美元） GDP per Capita (current USD)	国内生产总值增长率 （%） Growth Rate of GDP (%)
世界 World	**1005620**	**12647**	**3.1**
中国（不含港澳台地区） China (Not including Hong Kong, Macao and Taiwan Regions of China)	179632	12720	3.0
孟加拉国 Bangladesh	4602	2688	7.1
文莱 Brunei Darussalam	167	37152	-1.6
柬埔寨 Cambodia	300	1787	5.2
印度 India	33851	2389	7.0
印度尼西亚 Indonesia	13191	4788	5.3
伊朗 Iran	3885	4388	2.7
以色列 Israel	5220	54660	6.5
日本 Japan	42311	33815	1.0
韩国 R. O. Korea	16652	32255	2.6
马来西亚 Malaysia	4063	11972	8.7
缅甸 Myanmar	594		3.0
巴基斯坦 Pakistan	3765	1597	6.2
菲律宾 Philippines	4043	3499	7.6
新加坡 Singapore	4668	82808	3.6
斯里兰卡 Sri Lanka	744	3354	-7.8
泰国 Thailand	4953	6909	2.6
越南 Viet Nam	4088	4164	8.0

注：数据来源于世界银行WDI数据库。

Note: The data come from the *World Bank WDI Database.*

10-3 续表 continued

国　家 Country	国内生产总值 （亿美元） GDP (100 million USD)	人均国内生产总值 （美元） GDP per Capita (current USD)	国内生产总值增长率 （%） Growth Rate of GDP (%)
埃及 Egypt	4041	4295	6.6
尼日利亚 Nigeria	4408	2184	3.3
南非 South Africa	4199	6776	2.0
加拿大 Canada	19908	54966	3.4
墨西哥 Mexico	12930	11091	3.1
美国 United States	229961	76399	2.1
阿根廷 Argentina	4915	13686	5.2
巴西 Brazil	16090	8918	2.9
委内瑞拉 Venezuela			
法国 France	29375	40964	2.6
德国 Germany	42231	48432	1.8
意大利 Italy	20999	34158	3.7
荷兰 Netherlands	10180	55985	4.5
波兰 Poland	6741	18321	4.9
俄罗斯 Russia	17758	15345	-2.1
西班牙 Spain	14253	29350	5.5
土耳其 Turkey	8153	10616	5.6
乌克兰 Ukraine	2001	4534	-29.1
英国 United Kingdom	31869	45850	4.1
澳大利亚 Australia	15427	64491	3.6
新西兰 New Zealand	2500	48249	2.2

10-4 主要沿海国家国内生产总值产业构成（2022年）
Industrial Composition of GDP of Major Coastal Countries by Industry (2022)

(%)

国 家 Country	国内生产总值产业构成（%） Industrial Structure of GDP (%)		
	第一产业 Primary Industry	第二产业 Secondary Industry	第三产业 Tertiary Industry
世界 World	**4.3**	**28.0**	**63.9** ①
中国（不含港澳台地区）China (Not including Hong Kong, Macao and Taiwan Regions of China)	7.3	39.9	52.8
孟加拉国 Bangladesh	11.2	33.9	51.0
文莱 Brunei Darussalam	1.1	67.9	32.5
柬埔寨 Cambodia	21.9	37.7	33.7
印度 India	16.6	25.6	48.6
印度尼西亚 Indonesia	12.4	41.4	41.8
伊朗 Iran	12.5	40.2	46.9
以色列 Israel	1.3 ①	17.2 ①	72.4 ①
日本 Japan	1.0 ①	28.8 ①	69.9 ①
韩国 R. O. Korea	1.6	31.8	58.2
马来西亚 Malaysia	8.9	39.2	50.8
缅甸 Myanmar	20.3	41.1	38.6
巴基斯坦 Pakistan	22.3	19.8	51.5
菲律宾 Philippines	9.5	29.2	61.2
新加坡 Singapore	0.0	24.2	70.9
斯里兰卡 Sri Lanka	8.7	30.3	56.1

注：数据来源于世界银行WDI数据库。
①2021年数据；②2019年数据；③2020年数据。

Notes: The data come from the *World Bank WDI Database.*
①Data for 2021. ②Data for 2019. ③Data for 2020.

10-4 续表 continued

国 家 Country	国内生产总值产业构成（%） Industrial Structure of GDP (%)		
	第一产业 Primary Industry	第二产业 Secondary Industry	第三产业 Tertiary Industry
泰国 Thailand	8.8	35.0	56.2
越南 Viet Nam	11.9	38.3	41.3
埃及 Egypt	10.9	32.7	51.4
尼日利亚 Nigeria	23.7	30.8	44.0
南非 South Africa	2.6	24.4	62.6
加拿大 Canada	1.7 ②	24.1 ②	67.7 ②
墨西哥 Mexico	4.1	32.1	58.8
美国 United States	1.0 ①	17.9 ①	77.6 ①
阿根廷 Argentina	6.4	23.4	53.0
巴西 Brazil	6.8	20.7	58.9
委内瑞拉 Venezuela			
法国 France	1.8	17.4	70.3
德国 Germany	1.1	26.7	62.7
意大利 Italy	2.0	23.0	64.8
荷兰 Netherlands	1.7	18.9	68.8
波兰 Poland	2.1	29.8	56.8
俄罗斯 Russia	3.9	32.8	54.0
西班牙 Spain	2.4	20.8	67.7
土耳其 Turkey	6.5	31.9	51.2
乌克兰 Ukraine	8.2	19.2	60.8
英国 United Kingdom	0.7	17.9	71.0
澳大利亚 Australia	3.2	27.9	62.4
新西兰 New Zealand	5.7 ③	19.7 ③	66.7 ③

10-5 主要沿海国家就业人数
Employment in the Major Coastal Countries

单位：万人 (10000 persons)

国　家 Country	2000	2005	2010	2020	2021	2022
中国（不含港澳台地区） China (Not including Hong Kong, Macao and Taiwan Regions of China)	72085	74647	76105	75064	74652	
孟加拉国 Bangladesh	5176	4736	5408			
文莱 Brunei Darussalam				22	21	21
柬埔寨 Cambodia	515		796	923	938	
印度 India	32704	32136	37534	38682	40635	44485
印度尼西亚 Indonesia	8984	9396	10781	13119	13052	13521
伊朗 Iran		1985	2024	2307	2321	2351
以色列 Israel	246	274	1318	392	395	417
日本 Japan	6369	6282	6194	6633	6666	6723
韩国 R. O. Korea	2138	2302	2422	2702	2740	2823
马来西亚 Malaysia	927	1005	1129	1496	1506	1539
缅甸 Myanmar				2227		
巴基斯坦 Pakistan	3685	4282	4939		6165	
菲律宾 Philippines	2745	3231	3603	3938	4106	4689
新加坡 Singapore	148	165	196	222	229	235
斯里兰卡 Sri Lanka	631	752	770	800		
泰国 Thailand	3171		3804	3768	3775	3922
越南 Viet Nam	3837	4253	4949	5333	5340	5463

注：数据来源于联合国ILO数据库。

Note: The data come from the *ILO Database*.

10-5 续表 continued

国 家 Country	2000	2005	2010	2020	2021	2022
埃及 Egypt	1720	1937	2383	2624	2724	
尼日利亚 Nigeria						7298
南非 South Africa	1036	1277	1474	1764	1722	1786
加拿大 Canada	1476	1612	1698	1804	1894	1969
墨西哥 Mexico	3601	4208	4612	5085	5513	5728
美国 United States	13689	14173	13906	14779	15258	15829
阿根廷 Argentina	826	953	1053	1094	1224	1228
巴西 Brazil		8333		8687	9119	9792
委内瑞拉 Venezuela	884	1040	1201	1355		
法国 France	2312	2495	2569	2700	2788	2834
德国 Germany	3632	3636	3799	4147	4140	4253
意大利 Italy	2092	2241	2253	2290	2255	2310
荷兰 Netherlands	786	783	829	898	928	959
波兰 Poland	1452	1412	1547	1644	1666	1674
俄罗斯 Russia	6507	6834	6993	7060	7172	7197
西班牙 Spain	1544	1921	1872	1920	1977	2039
土耳其 Turkey	2158	2007	2259	2681	2880	3075
乌克兰 Ukraine	2018	2073	2027	1600	1569	
英国 United Kingdom	2726	2874	2912			
澳大利亚 Australia	890	988	1102	1268	1306	1362
新西兰 New Zealand	180	208	216	273	280	284

10-6 主要沿海国家鱼类产量（2021年）
Fish Yields of Major Coastal Countries (2021)

单位：万吨 (10000 t)

国　家 Country	鱼类产量 Output of Total Fishes	海域鱼类产量 Marine Areas
中国（不含港澳台地区） China (Not including Hong Kong, Macao and Taiwan Regions of China)	3732.1	999.8
孟加拉国 Bangladesh	435.7	78.2
柬埔寨 Cambodia	90.8	90.7
印度 India	1261.5	264.5
印度尼西亚 Indonesia	1079.0	671.6
伊朗 Iran	125.2	47.2
日本 Japan	282.4	282.3
韩国　R. O. Korea	112.9	109.8
马来西亚 Malaysia	135.0	114.6
缅甸 Myanmar	283.1	278.9
巴基斯坦 Pakistan	52.9	50.2
菲律宾 Philippines	245.0	199.5
斯里兰卡 Sri Lanka	44.8	42.5
泰国 Thailand	162.3	110.8
越南 Viet Nam	621.8	343.8
埃及 Egypt	195.8	21.1
尼日利亚 Nigeria	102.1	38.3
南非 South Africa	49.5	5.6
加拿大 Canada	48.8	45.6
墨西哥 Mexico	127.7	126.1
美国 United States	378.0	377.7
阿根廷 Argentina	48.0	47.8
巴西 Brazil	118.4	66.1
法国 France	40.7	40.5
俄罗斯 Russia	517.2	471.5
西班牙 Spain	85.3	84.7
土耳其 Turkey	82.0	79.8
英国 United Kingdom	72.7	71.6
新西兰 New Zealand①	37.3	37.1

注：数据来源于联合国FAO数据库。
①2019年数据。

Note: The data come from the *FAO Database*.
①Data for 2019.

10-7 国家保护区面积和鱼类濒危物种（2022年）
Area of National Nature Reserves and Endangered Species of Fish (2022)

国 家 Country	国家保护区 National Nature Reserves		鱼类濒危物种[①] （种） Endangered Species of Fish (number)
	陆地保护区面积占陆地面积比重 Terrestrial Protected Areas (% of Total Land Area)	海洋保护区面积占领海面积比重 Marine Protected Areas (% of Territorial Waters)	
中国（不含港澳台地区） China (Not including Hong Kong, Macao and Taiwan Regions of China)	15.6	5.5	136
孟加拉国 Bangladesh	4.6	5.4	29
文莱 Brunei Darussalam	46.9	0.2	14
柬埔寨 Cambodia	39.7	1.4	48
印度 India	7.5	1.4	227
印度尼西亚 Indonesia	12.2	3.1	166
伊朗 Iran	8.6	0.8	47
以色列 Israel	24.5	0.0	50
日本 Japan	29.7	13.9	77
韩国 R. O. Korea	17.0	2.5	28
马来西亚 Malaysia	13.3	5.6	87
缅甸 Myanmar	6.6	0.5	53
巴基斯坦 Pakistan	12.3	0.8	46
菲律宾 Philippines	15.9	1.7	91
新加坡 Singapore	5.6	0.0	29
斯里兰卡 Sri Lanka	29.9	0.1	57
泰国 Thailand	18.5	4.4	106
越南 Viet Nam	7.6	0.6	83

注：数据来源于世界银行WDI数据库。
①2018年数据。

Note: The data come from the *World Bank WDI Database.*
①Data for 2018.

10-7 续表 continued

国　家 Country	国家保护区 National Nature Reserves		鱼类濒危物种[①] （种） Endangered Species of Fish (number)
	陆地保护区面积占陆地面积比重 Terrestrial Protected Areas (% of Total Land Area)	海洋保护区面积占领海面积比重 Marine Protected Areas (% of Territorial Waters)	
埃及 Egypt	13.1	5.0	58
尼日利亚 Nigeria	13.9	0.0	74
南非 South Africa	9.3	15.5	121
加拿大 Canada	12.7	9.1	44
墨西哥 Mexico	14.6	21.6	181
美国 United States	13.0	19.0	251
阿根廷 Argentina	8.7	11.8	42
巴西 Brazil	30.3	26.8	93
委内瑞拉 Venezuela	56.9	4.4	45
法国 France	28.4	49.8	53
德国 Germany	37.6	45.5	24
意大利 Italy	21.6	10.6	52
荷兰 Netherlands	22.5	26.9	15
波兰 Poland	39.6	22.6	8
俄罗斯 Russia	11.5	2.2	39
西班牙 Spain	28.1	12.8	83
土耳其 Turkey	7.0	1.8	131
乌克兰 Ukraine	13.0	9.2	24
英国 United Kingdom	27.8	44.1	48
澳大利亚 Australia	20.4	44.3	125
新西兰 New Zealand	33.4	30.4	38

10-8 主要沿海国家风力发电量
Wind-Power Capacities of Major Coastal Countries

单位：百万千瓦·时 (million kW·h)

国　家 Country	2015	2016	2017	2018	2019	2020
中国（不含港澳台地区） China (Not including Hong Kong, Macao and Taiwan Regions of China)	185766	237071	295023	365971	406030	466470
孟加拉国 Bangladesh	4	5	5	6	6	6
印度 India	30045	35530	38486	64294	69949	67418
伊朗 Iran	221	250	306	585	555	566
以色列 Israel	7		180	183	184	204
日本 Japan	5160	5951	6490	7481	7673	8970
韩国 R. O. Korea	1201	1683	2169	2465	2681	3151
巴基斯坦 Pakistan	1549	2668	1422	2124	3234	2882
菲律宾 Philippines	748	975	1094	1153	1042	1026
斯里兰卡 Sri Lanka	344	345	367	326	348	344
泰国 Thailand	329	345	1109	1641	3670	3124
越南 Viet Nam	261	221	270	312	312	976
埃及 Egypt	1345	2058	2200	2234	3689	4233
南非 South Africa	2270	3700	5090	6467	6624	5937
加拿大 Canada	26446	30766	28775	33183	32657	35638
墨西哥 Mexico	8745	10378	10442	12877	16880	19702
美国 United States	192992	229471	257249	275834	298200	341818
阿根廷 Argentina	599	548	612	1413	4996	9412
巴西 Brazil	21626	33488	42354	48475	55986	57050
法国 France	21249	21400	24711	28599	34722	39792
德国 Germany	79206	78598	105693	109951	125894	132102
意大利 Italy	14844	17689	17742	17716	20202	18762
荷兰 Netherlands	7550	8170	10569	10549	11508	15339
波兰 Poland	10858	12588	14909	12799	15107	15800
俄罗斯 Russia	148	148	140	232	331	1241
西班牙 Spain	49325	48906	49127	50896	55647	56444
土耳其 Turkey	11652	15517	17903	19949	21731	24828
乌克兰 Ukraine	1084	954	984	1188	2020	1932
英国 United Kingdom	40310	37367	50004	56906	64335	75369
澳大利亚 Australia	11467	12199	12597	15164	17712	20396
新西兰 New Zealand	2356	2303	2141	2067	2254	2305

注：数据来源于联合国ESD数据库。

Note: The data come from the *UN ESD Database.*

10-9 主要沿海国家捕捞产量
Capture Production in the Major Coastal Countries

单位：吨 (t)

国 家 Country	2020	2021	2022
世界总计 **World Total**	**91502929**	**93534436**	**93065624**
中国（不含港澳台地区） China (Not including Hong Kong, Macao and Taiwan Regions of China)	13445983	13142837	13179077
印度尼西亚 Indonesia	6991801	7228002	7401260
印度 India	4658197	5024905	5539025
俄罗斯 Russia	5088744	5176469	4997077
秘鲁 Peru	5676965	6576171	5368102
美国 United States	4269006	4307956	4262904
越南 Viet Nam	3506057	3540250	3590003
日本 Japan	3269874	3255826	2969396
挪威 Norway	2636644	2585786	2616120
菲律宾 Philippines	1916753	1842067	1771247
智利 Chile	2183235	2391197	2690091
缅甸 Myanmar	1977330	1665740	1864730
孟加拉国 Bangladesh	1919505	1982483	2027661
墨西哥 Mexico	1593399	1673588	1683376
泰国 Thailand	1603251	1436428	1406934
马来西亚 Malaysia	1392295	1340808	1321606
摩洛哥 Morocco	1397533	1432199	1590644
韩国 R. O. Korea	1375690	1359960	1259445
冰岛 Iceland	1039089	1171230	1434872

注：数据来源于联合国FAO数据库，数据获取日期截至2024年7月8日。

Note: The data come from the *FAO Database* . Accessed on 8 Jul 2024.

10-9 续表 continued

国　家 Country	2020	2021	2022
西班牙 Spain	798280	803121	809115
阿根廷 Argentina	859923	853905	847755
尼日利亚 Nigeria	783102	805210	784124
伊朗 Iran	790900	779466	811552
加拿大 Canada	765740	782264	735749
毛里塔尼亚 Mauritania	678425	762868	780383
巴西 Brazil	735097	782008	775267
柬埔寨 Cambodia	535900	508050	533450
丹麦 Denmark	732900	466408	458193
英国 United Kingdom	626426	635020	617410
厄瓜多尔 Ecuador	636339	863106	688326
乌干达 Uganda	578684	634595	444935
阿曼 Oman	793419	922083	748356
塞内加尔 Senegal	458363	513957	533771
斯里兰卡 Sri Lanka	382487	372452	332623
巴基斯坦 Pakistan	492783	496059	500045
法国 France	478462	510780	534876
土耳其 Turkey	364405	328158	335003
南非 South Africa	654526	615607	582093
新西兰 New Zealand	365205	343793	346618
埃及 Egypt	418684	425770	440197
荷兰 Netherlands	307182	299555	298629
委内瑞拉 Venezuela	195900	223100	212119
德国 Germany	212111	187668	179732
波兰 Poland	206390	201385	178523

10-10 主要沿海国家水产养殖产量
Aquaculture Production in the Major Coastal Countries

单位：吨　　　　(t)

国　家 Country	2020	2021	2022
世界总计 World Total	**122794156**	**126225744**	**130920761**
中国（不含港澳台地区） China (Not including Hong Kong, Macao and Taiwan Regions of China)	70483538	72805297	75388639
印度 India	8641286	9408300	10235300
印度尼西亚 Indonesia	14845014	14493523	14633869
越南 Viet Nam	4681435	4750174	5170375
孟加拉国 Bangladesh	2583866	2638745	2731070
埃及 Egypt	1591896	1576189	1552430
挪威 Norway	1490412	1665112	1648469
智利 Chile	1505486	1443520	1524149
缅甸 Myanmar	1144813	1167357	1197078
泰国 Thailand	1011538	990854	1001181
菲律宾 Philippines	2322831	2246316	2349252
厄瓜多尔 Ecuador	774589	904136	1123048

注：数据来源于联合国FAO数据库，数据获取日期截至2024年7月8日。

Note: The data come from the FAO Database. Accessed on 8 Jul 2024.

10-10 续表 continued

国 家 Country	2020	2021	2022
巴西 Brazil	630800	650572	738881
日本 Japan	998939	959646	942560
韩国 R. O. Korea	2334232	2437755	2307638
伊朗 Iran	480500	478737	480624
美国 United States	448575	461639	478824
土耳其 Turkey	421411	471686	514823
西班牙 Spain	276627	279912	276071
柬埔寨 Cambodia	400400	348350	330600
尼日利亚 Nigeria	261711	275645	259106
墨西哥 Mexico	348602	239803	289619
俄罗斯 Russia	291194	319342	348187
马来西亚 Malaysia	400517	417478	574182
英国 United Kingdom	220327	239285	203112
法国 France	191050	193332	200490
加拿大 Canada	169800	190232	166463
哥伦比亚 Colombia	179351	192521	204942
巴基斯坦 Pakistan	162462	164527	165475

10-11 主要沿海国家石油主要指标（2022年）
Main Oil Indicators of Major Coastal Countries (2022)

国 家 Country	原油探明储量[①] （亿桶） Crude Oil Proved Reserves (100 million Barrels)	原油出口量[②] （万桶/天） Crude Oil Including Lease Condensate Exports (10000 Barrels Per Day)	石油产量 （万桶/天） Petroleum and Other Liquids Production (10000 Barrels Per Day)
中国（不含港澳台地区） China (Not including Hong Kong, Macao and Taiwan Regions of China)	260		512
文莱 Brunei Darussalam		10	
印度 India	46		88
印度尼西亚 Indonesia		20	83
伊朗 Iran	2086	223	366
韩国 R. O. Korea			
马来西亚 Malaysia			60
菲律宾 Philippines			
泰国 Thailand			42
越南 Viet Nam	44		
埃及 Egypt	33	20	67
尼日利亚 Nigeria	369	189	137
加拿大 Canada	1703	318	569
墨西哥 Mexico	58	128	203
美国 United States	444	205	2030
阿根廷 Argentina			79
巴西 Brazil	127	112	381
委内瑞拉 Venezuela	3038	100	72
俄罗斯 Russia	800	520	1097
英国 United Kingdom	25	82	88
澳大利亚 Australia		20	44
挪威 Norway	81	124	191

注：数据来源于美国能源署。
①2021年数据。②2018年数据

Note: The data come from the U. S. Energy Information Administration.
①Data for 2021. ②Data for 2018.

10-12 万美元国内生产总值能耗（2017年不变价，PPP）
Energy Use per Ten Thousand USD of GDP (Constant 2017, PPP)

单位：吨标准油/万美元 (ton of oil equivalent per 10000 USD)

国　家 Country	2000	2005	2010	2013	2014	2015
世界 World	**1.43**	**1.37**	**1.30**	**1.23**	**1.20**	
中国（不含港澳台地区）China (Not including Hong Kong, Macao and Taiwan Regions of China)	2.60	2.61	2.20	1.99	1.88	
孟加拉国 Bangladesh	0.62	0.61	0.61	0.56	0.55	
文莱 Brunei Darussalam	1.04	0.87	1.23	1.13	1.35	
柬埔寨 Cambodia	1.89	1.22	1.36	1.24	1.24	
印度 India	1.62	1.39	1.33	1.26	1.24	
印度尼西亚 Indonesia	1.29	1.19	1.06	0.91	0.90	
伊朗 Iran	1.70	1.85	1.79	2.00	2.04	
以色列 Israel	0.97	0.89	0.90	0.79	0.74	0.74
日本 Japan	1.12	1.06	1.02	0.90	0.87	0.85
韩国 R. O. Korea	1.74	1.52	1.47	1.41	1.39	1.39
马来西亚 Malaysia	1.32	1.41	1.27	1.30	1.26	
缅甸 Myanmar	2.90	1.83	1.00	0.96	1.03	
巴基斯坦 Pakistan	1.23	1.14	1.08	1.01	0.98	
菲律宾 Philippines	1.15	0.89	0.73	0.68	0.68	
新加坡 Singapore	0.83	0.75	0.64	0.57	0.58	
斯里兰卡 Sri Lanka	0.75	0.66	0.53	0.44	0.45	

注：数据来源于世界银行WDI数据库。
Note: The data come from the *World Bank WDI Database*.

10-12 续表 continued

国家 Country	2000	2005	2010	2013	2014	2015
泰国 Thailand	1.17	1.23	1.22	1.26	1.24	
越南 Viet Nam	0.99	1.01	1.07	0.91		
埃及 Egypt	0.76	0.97	0.85	0.82	0.80	
尼日利亚 Nigeria	2.36	1.90	1.53	1.46	1.38	
南非 South Africa	2.20	2.14	2.03	1.85	1.92	
加拿大 Canada	2.22	2.00	1.74	1.66	1.66	1.61
墨西哥 Mexico	0.85	0.95	0.86	0.87	0.83	0.80
美国 United States	1.61	1.44	1.31	1.22	1.21	1.16
阿根廷 Argentina	0.90	0.89	0.82	0.81	0.86	
巴西 Brazil	0.92	0.92	0.91	0.92	0.95	
法国 France	1.04	1.03	0.95	0.90	0.85	0.85
德国 Germany	0.95	0.93	0.85	0.79	0.74	0.75
意大利 Italy	0.70	0.73	0.69	0.64	0.61	0.62
荷兰 Netherlands	1.00	1.01	0.97	0.89	0.83	0.80
波兰 Poland	1.43	1.27	1.10	1.00	0.93	0.90
俄罗斯 Russia	2.90	2.27	2.01	1.93	1.87	
西班牙 Spain	0.86	0.86	0.73	0.71	0.69	0.69
土耳其 Turkey	0.78	0.68	0.74	0.64	0.63	0.64
乌克兰 Ukraine	3.63	2.68	2.36	1.96	1.98	
英国 United Kingdom	0.97	0.86	0.77	0.69	0.63	0.61
澳大利亚 Australia	1.48	1.32	1.29	1.17	1.13	1.15
新西兰 New Zealand	1.35	1.10	1.12	1.10	1.13	1.08

10-13 主要沿海国家国际海运装货量和卸货量
International Maritime Freight Loaded and Unloaded in the Major Coastal Countries

单位：万吨 (10000 t)

国家 Country	国际海运装货量 International Ocean Shipping Loading Capacity			国际海运卸货量 International Ocean Shipping Unloading Capacity		
	2010	2020	2021	2010	2020	2021
中国 China						
香港特别行政区 Hong Kong SAR, China	9455	7936	7883	12857	16993	13490
孟加拉国 Bangladesh	388	592	661	3217	8267	9251
文莱 Brunei Darussalam		116				1453
印度尼西亚 Indonesia						
伊朗 Iran	4952	5520	6303	6503	4319	6503
以色列 Israel	1606	1594	1594	2012	3194	3194
日本 Japan						
韩国 R. O. Korea						
马来西亚 Malaysia	9367			11402		
巴基斯坦 Pakistan	1625			4058		
新加坡 Singapore						
斯里兰卡 Sri Lanka						
南非 South Africa						
美国 United States						
阿根廷 Argentina				1978		
法国 France	8684			17288		
德国 Germany	8525			14225		
荷兰 Netherlands						
波兰 Poland	2514	2739	2721	2365	4403	4991
俄罗斯 Russia	16793	8467	7610	1961	262	517
西班牙 Spain						
乌克兰 Ukraine	6976			1453		
澳大利亚 Australia	73947	126233	128317	7413	7872	8329
新西兰 New Zealand	2533	3439	3424	1498	1914	2212

注：数据来源于联合国统计月报数据库。

Note: The data come from the *UN Monthly Bulletin of Statistics Database.*

10-14 世界主要外贸货物海运量及构成（2019年）
World Major Maritime Freight Traffic in Foreign Trade (2019)

品　种 Sort	海运量 （百万吨） Freight Traffic (million tons)	
	2019	所占比例 （%） Percentage
合　计 **Total**	**11940**	**100.0**
原　油 Crude Oil	2006	16.8
成品油 Refined Oil	1032	8.6
燃　气 Fuel gas	478	4
铁矿石 Ironstone	1456	12.2
煤　炭 Coal	1292	10.8
谷　物 Corn	477	4
其他货物 Others	5199	43.5

注：数据来源于《航运统计与市场评论》，2021年1月/2月，航运经济与物流研究所。
数据为估计数。

Note: The data come from the *Shipping Statistics and Market Review* , January/February 2021, ISL.
The data are estimated data.

10-15 主要沿海国家国际旅游人数
Number of International Tourists of Major Coastal Countries

单位：万人 (10000 persons)

国 家 Country	入境（过夜）旅游人数 Number of Inbound Tourists (Overnight)			出境旅游人数 Number of Outbound Tourists		
	2000	2010	2020	2000	2010	2020
世界总计 World Total	**133238**	**175572**		**112242**	**145702**	
中国（不含港澳台地区） China (Not including Hong Kong, Macao and Taiwan Regions of China)	8344	13376	3040	1047	5739	2033
孟加拉国 Bangladesh	20	14		113	191	
文莱 Brunei Darussalam		21	107			
柬埔寨 Cambodia	47	251	131	4	51	33
印度 India	265	578		442	1299	
印度尼西亚 Indonesia	506	700	405	221	624	292
伊朗 Iran	134	294	155			155
以色列 Israel	267	344		353	427	
日本 Japan	476	861	412	1782	1664	317
韩国 R. O. Korea	532	880	252	551	1249	428
马来西亚 Malaysia	1022	2458	433	3053		
缅甸 Myanmar	42	79	90			
巴基斯坦 Pakistan	56	91				
菲律宾 Philippines	199	352	148	167		148
新加坡 Singapore	769	1164	274	444	734	154
斯里兰卡 Sri Lanka	45	77	54	52	112	31
泰国 Thailand	958	1594		191	545	

注：数据来源于世界银行WDI数据库。

Note: The data come from the *WDI Database of World Bank*.

10-15 续表 continued

国 家 Country	入境（过夜）旅游人数 Number of Inbound Tourists (Overnight)			出境旅游人数 Number of Outbound Tourists		
	2000	2010	2020	2000	2010	2020
越南 Viet Nam	214	505	384			
埃及 Egypt	551	1473			462	
尼日利亚 Nigeria	149	611				
南非 South Africa	600	1130	389			
加拿大 Canada	4864	2562			5362	
墨西哥 Mexico	10567	8195	5113	12727	9166	3606
美国 United States	7834	16228	4504	8797	12157	6055
阿根廷 Argentina	291	680			608	
巴西 Brazil	531	516		323	646	
委内瑞拉 Venezuela	60	54		95	148	
法国 France		18983	11711		2997	2129
德国 Germany	1898	2688	1245	8051	8587	
意大利 Italy	6270	7323	3842	4463	5530	2145
荷兰 Netherlands	1000	1088	727	1390	1837	
波兰 Poland	8452	5834		5668	4276	
俄罗斯 Russia	2117	2228	636	1837	3932	1236
西班牙 Spain	7458	9374	3641		1425	624
土耳其 Turkey	1043	3300	1597	528	656	224
乌克兰 Ukraine	1169	2411	338		1774	1125
英国 United Kingdom	2521	3040	1110	5684	6465	2383
澳大利亚 Australia	493	579	183	350	710	283
新西兰 New Zealand	179	253	100	128	203	51

10-16 主要沿海国家国际旅游收入
International Tourism Receipts of Major Coastal Countries

单位：亿美元 (100 million USD)

国家 Country	国际旅游支出 International Tourism Expenditures			国际旅游收入 International Tourism Receipts		
	2000	2010	2020	2000	2010	2020
世界总计 World Total	**5513**	**10304**		**5963**	**11664**	
中国（不含港澳台地区）China (Not including Hong Kong, Macao and Taiwan Regions of China)	142			173		
孟加拉国 Bangladesh	5	8	7		1	2
柬埔寨 Cambodia	1	1	2	3	17	11
印度 India	37		158	36		134
印度尼西亚 Indonesia		84	20		76	35
伊朗 Iran	7	106		7	26	
以色列 Israel	37	47	22	46	56	27
日本 Japan	426	393	67	60	154	114
韩国 R. O. Korea	79	208	167	85	143	118
马来西亚 Malaysia	25	93	52	59	196	34
缅甸 Myanmar	0			2	1	
巴基斯坦 Pakistan	6	14	12	6	10	8
菲律宾 Philippines	18	60	49	23	34	28
新加坡 Singapore	45	187		51	142	
斯里兰卡 Sri Lanka	4	8	8	4	10	11
泰国 Thailand	32	72	37	99	238	154
越南 Viet Nam		15	44		45	32

注：数据来源于世界银行WDI数据库。

Note: The data come from the *World Bank WDI Database.*

10-16 续表 continued

国家 Country	国际旅游支出 International Tourism Expenditures			国际旅游收入 International Tourism Receipts		
	2000	2010	2020	2000	2010	2020
埃及 Egypt	12	27	26	47	136	49
尼日利亚 Nigeria	6	83	66	2	7	3
南非 South Africa	27	81	16	33	103	27
加拿大 Canada	151	372		130	184	
墨西哥 Mexico	64	90	43	91	126	114
美国 United States	855	1238	488	1183	1618	842
阿根廷 Argentina	55	64	27	32	56	17
巴西 Brazil	45	189	65	20	55	31
委内瑞拉 Venezuela	16	29		5	9	
法国 France	290	467	312	387	562	360
德国 Germany	576	909		249	491	
意大利 Italy	182		130	287		205
荷兰 Netherlands	136		74	113		109
波兰 Poland	34	89	55	61	99	84
俄罗斯 Russia		302	108		132	50
西班牙 Spain						
土耳其 Turkey		58	16		263	138
乌克兰 Ukraine	6	41	48	6	47	7
英国 United Kingdom						
澳大利亚 Australia	91	279	77	116	311	262
新西兰 New Zealand	12	30		23	65	

10-17 集装箱吞吐量居世界前20位的港口（2021年）
World Top 20 Seaports in Terms of the Number of Containers Handled (2021)

单位：万标准箱 (10000 TEU)

港　口 Seaport	所属国家 Country	吞吐量 Containers Handled
上海 Shanghai	中国 China	4703
新加坡 Singapore	新加坡 Singapore	3747
宁波舟山 Ningbo Zhoushan	中国 China	3108
深圳 Shenzhen	中国 China	2877
广州 Guangzhou	中国 China	2418
青岛 Qingdao	中国 China	2371
釜山 Pusan	韩国 R. O. Korea	2269
天津 Tianjin	中国 China	2027
香港 Hong Kong	中国 China	1779
鹿特丹 Rotterdam	荷兰 Netherlands	1530
巴生 Kelang	马来西亚 Malaysia	1372
迪拜 Dubai	阿联酋 United Arab Emirates	1370
厦门 Xiamen	中国 China	1205
安特卫普 Antwerp	比利时 Belgium	1202
丹戎帕拉帕斯 Tanjong Palapas	马来西亚 Malaysia	1120
洛杉矶 Los Angeles	美国 United States	1067
高雄 Gaoxiong	中国 China	986
长滩 Long Beach	美国 United States	938
纽约 New York	美国 United States	899
汉堡 Hamburg	德国 Germany	872

注：数据来源于上海航运交易所。
Note: The data come from Shanghai Shipping Exchange.

10-18 港口货物吞吐量居世界前20位的港口（2021年）
World Top 20 Seaports in Terms of the Cargo Handled (2021)

单位：百万吨 (million t)

港　口 Seaport	所属国家 Country	吞吐量 Cargo Handled
宁波舟山 Ningbo Zhoushan	中国 China	1224.1
上海 Shanghai	中国 China	769.7
唐山 Tangshan	中国 China	722.4
青岛 Qingdao	中国 China	630.3
广州 Guangzhou	中国 China	623.7
新加坡 Singapore	新加坡 Singapore	599.0
苏州 Suzhou	中国 China	565.9
黑德兰港 Headland Harbour	澳大利亚 Australia	553.2
日照 Rizhao	中国 China	541.2
天津 Tianjin	中国 China	529.5
鹿特丹 Rotterdam	荷兰 Netherlands	468.7
釜山 Pusan	韩国 R. O. Korea	442.5
烟台 Yantai	中国 China	423.4
北部湾 Beibu Gulf	中国 China	358.2
泰州 Taizhou	中国 China	352.9
江阴 Jiangyin	中国 China	337.6
大连 Dalian	中国 China	315.5
黄骅 Huanghua	中国 China	311.3
南通 Nantong	中国 China	308.5
光阳 Gwangyang	韩国 R. O. Korea	292.1

注：数据来源于上海航运交易所。
　　数据为内外贸货物。

Note: The data come from Shanghai Shipping Exchange.
　　The data refer to the domestic and foreign trade cargo.

10-19 海上商船拥有量居世界前20位的国家和地区（2020年）
World Top 20 Countries and Regions in Terms of the Number of Maritime Merchant Ships Owned (2020)

国家和地区 Country and Region	艘数（艘） Number of Vessels (unit)	总吨 Gross Ton（万吨） (10000 tons)	载重吨 Deadweight Ton	
			万吨 10000 tons	占世界% Percentage in the World
世界总计 World Total	**56899**	**135967.5**	**203362.6**	**100.0**
巴拿马 Panama	6612	22052.5	33529.3	16.5
利比里亚 Liberia	3777	18107.7	29357.1	14.4
马绍尔群岛 Marshall Islands	3539	16153.2	26559.8	13.1
中国 China 香港特别行政区 Hong Kong SAR, China	2556	12934.8	20471.7	10.1
新加坡 Singapore	2331	8775.5	13159.6	6.5
马耳他 Malta	1976	8090.3	11506.7	5.7
中国（不含港澳台地区） China (Not including Hong Kong, Macao and Taiwan Regions of China)	4734	6492.2	10169.1	5.0
希腊 Greece	876	3756.1	6473.9	3.2
巴哈马 Bahamas	1091	5323.3	6127	3.0
日本 Japan	2689	2793.7	3822.9	1.9
英国 United Kingdom	863	2213.8	3306.9	1.6
塞浦路斯 Cyprus	579	2212.6	3184.4	1.6
丹麦 Denmark	548	2223.5	2491.6	1.2
印度尼西亚 Indonesia	3523	1722.5	2447.5	1.2
葡萄牙 Portugal	608	1649.1	2268.6	1.1
挪威 Norway	905	1701.8	2142.3	1.1
伊朗 Iran	461	1138.8	2011.2	1.0
印度 India	899	951.1	1615.2	0.8
韩国 R. O. Korea	1040	1191.2	1520.6	0.7
沙特阿拉伯 Saudi Arabia	124	751.6	1353.2	0.7

注：数据来源于《航运统计与市场评论》，2021年 1月/2月，航运经济与物流研究所。
按船旗统计，统计范围为300总吨及以上船舶，统计截止日期为2021年1月1日。

Note: The data come from the *Shipping Statistics and Market Review*, January/February 2021, ISL.
According to the flag of the ship, the statistical range covers 300 tons ships and above. The closing date of statistics was 1 Jan., 2021.

10-20 集装箱船拥有量居世界前20位的国家和地区（2020年）
World Top 20 Countries and Regions in Terms of the Number of Container Ships Owned (2020)

国家和地区 Country and Region	艘数 （艘） Number of Vessels (unit)	载重吨 Deadweight ton	
		万标准箱 10000 TEU	占世界% Percentage in the World
世界总计 World Total	**5418**	**2361.8**	**100.0**
利比里亚 Liberia	874	401.0	17.0
中国 China 香港特别行政区 Hong Kong SAR, China	558	348	14.7
巴拿马 Panama	639	363.7	15.4
新加坡 Singapore	513	240.0	10.2
马耳他 Malta	311	203.7	8.6
丹麦 Denmark	155	152.7	6.5
马绍尔群岛 Marshall Islands	248	114.8	4.9
葡萄牙 Portugal	263	88.9	3.8
中国（不含港澳台地区） China (Not including Hong Kong, Macao and Taiwan Regions of China)	341	78.9	3.3
德国 Germany	77	55.4	2.3
塞浦路斯 Cyprus	184	39.5	1.7
英国 United Kingdom	59	35.7	1.5
法国 France	29	28.4	1.2
日本 Japan	44	24.2	1.0
美国 United States	60	22.5	1.0
中国 China 台湾省 Taiwan Province, China	49	17.5	0.7
印度尼西亚 Indonesia	226	17.4	0.7
安提瓜和巴布达 Antigua and Papua	124	14.8	0.6
韩国 R. O. Korea	91	22.2	0.9
巴哈马 Bahamas	45	11.8	0.5

注：数据来源于《航运统计与市场评论》，2021年 1月/2月，航运经济与物流研究所。
按船旗统计，统计范围为300总吨及以上船舶，统计截止日期为2021年1月1日。

Note: The data come from the *Shipping Statistics and Market Review* , January/February 2021, ISL.
According to the flag of the ship, the statistical range covers 300 tons and above ships. The closing date of statistics was 1 Jan., 2021.

10-21 海上油轮拥有量居世界前20位的国家和地区（2020年）
Top 20 Countries and Regions in the World by the Possession of Ocean Going Oil Tankers (2020)

国家和地区 Country and Region	艘数 （艘） Number of Vessels (unit)	总吨 Gross Ton （千吨） (1000 tons)	载重吨 Deadweight ton	
			千吨 1000 tons	占世界% Percentage in the World
世界总计 **World Total**	**16342**	**458080**	**743333**	**100.0**
马绍尔群岛 Marshall Islands	1427	73466	119639	16.1
利比里亚 Liberia	1204	61214	107493	14.5
巴拿马 Panama	1488	47371	78001	10.5
中国 China				
香港特别行政区 Hong Kong SAR, China	565	30477	52006	7.0
希腊 Greece	397	26247	45574	6.1
新加坡 Singapore	1049	27866	44661	6.0
马耳他 Malta	739	26553	43528	5.9
巴哈马 Bahamas	359	26139	35935	4.8
中国（不含港澳台地区） China (Not including Hong Kong, Macao and Taiwan Regions of China)	1383	12029	19973	2.7
伊朗 Iran	94	8297	15743	2.1
挪威 Norway	251	9134	13590	1.8
日本 Japan	860	8978	12939	1.7
沙特阿拉伯 Saudi Arabia	87	6862	12906	1.7
印度尼西亚 Indonesia	819	6604	10233	1.4
印度 India	158	5704	9913	1.3
英国 United Kingdom	182	6030	8293	1.1
丹麦 Denmark	203	4557	7191	1.0
百慕大 Bermuda	94	7243	6855	0.9
比利时 Belgium	53	4015	6509	0.9
塞浦路斯 Cyprus	120	3715	5299	0.7

注：数据来源于按所有权模式计算的油轮船只总数，《航运统计与市场评论》，2021年1月/2月，航运经济与物流研究所。
按船旗统计，统计截止日期为2021年1月1日。

Note: The data come from the total tanker fleet calculated by ownership patterns, *SSMR* , January/February 2021, ISL.
According to the flag of the ship, the closing date of statistics was 1 Jan., 2021.

10-22 海上散货船拥有量居世界前20位的国家和地区（2020年）
Top 20 Countries and Regions in the World by the Possession of Ocean Bulk Carriers (2020)

国家和地区 Country and Region	艘数 （艘） Number of Vessels (unit)	总吨 （千吨） (1000 tons)	载重吨 Deadweight ton	
			千吨 1000 tons	占世界% Percentage in the World
世界总计 **World Total**	**12543**	**484321**	**881717**	**100.0**
巴拿马 Panama	2485	104990	191445	21.7
利比里亚 Liberia	1430	71388	132088	15.0
马绍尔群岛 Marshall Islands	1622	69097	125772	14.3
中国 China				
香港特别行政区 Hong Kong SAR, China	1069	57504	106426	12.1
中国（不含港澳台地区） China (Not including Hong Kong, Macao and Taiwan Regions of China)	1575	36618	62845	7.1
新加坡 Singapore	554	29306	54200	6.1
马耳他 Malta	569	24044	43639	4.9
塞浦路斯 Cyprus	268	11174	20523	2.3
日本 Japan	460	10438	19222	2.2
希腊 Greece	163	9678	18316	2.1
英国 United Kingdom	125	9277	17684	2.0
巴哈马 Bahamas	269	9862	17452	2.0
印度尼西亚 Indonesia	308	4162	7188	0.8
葡萄牙 Portugal	80	3829	7001	0.8
韩国 R. O. Korea	120	3090	5750	0.7
印度 India	92	2383	4337	0.5
中国 China				
台湾省 Taiwan Province, China	44	2218	4224	0.5
挪威 Norway	69	2346	4114.0	0.5
越南 Viet Nam	171	2002	3293	0.4
意大利 Italy	32	1641	3065	0.3

注：数据来源于按所有权模式计算的散货船船只总数，《航运统计与市场评论》，2021年1月/2月，航运经济物流研究所。
按船旗统计，统计截止日期为2021年1月1日。

Note: The data come from the total tanker fleet calculated by ownership patterns, *SSMR* , January/February 2021, ISL. According to the flag of the ship, the closing date of statistics was 1 Jan., 2021.